知心書

书知 S

忒提斯情结

LE COMPLEXE DE THÉTIS

Didier Pleux

[法] 迪迪埃·普勒 著 张之简 译

生活·讀書·新知 三联书店 生活書店出版有限公司

图书在版编目（CIP）数据

忒提斯情结 / (法) 迪迪埃・普勒著；张之简译.—北京：生活书店出版有限公司，2021.7
ISBN 978-7-80768-346-9

Ⅰ.①忒… Ⅱ.①迪… ②张… Ⅲ.①精神分析 Ⅳ.①B841

中国版本图书馆CIP数据核字(2021)第034011号

策划编辑 李 娟
责任编辑 廉 勇
装帧设计 视觉共振设计工作室
封面插画 罗可一
责任印制 常宁强
出版发行 生活書店出版有限公司
（北京市东城区美术馆东街22号）
图 字 01-2019-1524
邮 编 100010
经 销 新华书店
印 刷 北京顶佳世纪印刷有限公司
版 次 2021年7月北京第1版
2021年7月北京第1次印刷
开 本 880毫米×1230毫米 1/32 印张7.625
字 数 145千字
印 数 0,001-6,000册
定 价 52.00元
（印装查询：010-64052066；邮购查询：010-84010542）

献给我的病人

À mes patients

目 录

前言

纽约，2003年12月初，我们在美国心理学家艾伯特·埃利斯（Albert Ellis）[1]的研究所里为他庆祝90大寿。当晚，埃利斯畅所欲言，有问必答。英国心理学家、创作了多部有关“情绪-理性疗法”著作的温迪·德赖登（Windy Dryden）的一番话引起了我的注意：“艾尔（艾伯特的昵称），你写了60多本书，我觉得你最后几部作品里重复啰唆的话不少！”

埃利斯答道：“别看我年纪大了，可我从不说颠三倒四的废话！在过去的50年里，我的确不厌其烦地重申，人由于对自我、他人、现实的非理性的要求和期待，而成为自己的心理摧毁者。我也的确几乎总是在复述同样的话，因为人类不肯相信，自己的不幸的始作俑者正是自己！人们固执地相信，错在

1 艾伯特·埃利斯（1913—2007），美国反传统精神分析学家，1955年创立认知行为疗法。

他的母亲、周围环境甚至美国总统！”

埃利斯没有信口胡言，他在运用著名的自我表达方法：要想得到别人的信服，通常要像“激光光盘”一样重复自己的话，一遍遍复述自己的感受、信念和请求……

因此，当听到有人说，我总是谈论教育和挫折这类同样的问题时，我便想起埃利斯在生日晚会上的这番话。如果我竭尽所能，在每本拙作中都坚持自己的研究结论，同样也不能被称为老调重弹，而是为了满足人们对更加美好和幸福的生活的需求而持续着我的工作。

看到某些遭受精神痛苦的人陷入迷茫，受到一些“新潮心理学”的诱惑，这些新潮思想信誓旦旦地向他们保证，不必自我质疑、不必经过努力或遭受挫折就能获得幸福，我便不得已一次次重新审验各种心理疗法中我所笃信的基本观点！向大众鼓吹“自我感觉安适”“感受幸福”，而不是帮助他们“改变”和“进步”，对于这些允诺，我一直感到愤慨。毫无疑问，正是出于这一理由，我的语气有时候听起来有些激动！

每星期都能看到某些“心理诊断”只能反映出诊断者的偏执和教条，面对此情此景，我如何能够平心静气？几个月前，一个九岁的小女孩被诊断为“神经性厌食症”，仅仅因为“护理人员”认为有必要而被收治入院三个月，她的父母也被要求进行家庭治疗。没人想到她拒绝进食的原因是呕吐恐惧症（为了避免呕吐而拒绝进食）……看到这样的情况，我无法不愤怒。

这种事情数不胜数：多少错误诊断源于诊断者偏信所致的盲目轻率。按照专家所信服的理论，某名患者被要求按照某个教条进入某种治疗规程，至于患者真实生活的独特性，心理医生由于受限于自己的信仰体系，并不会将之纳入考虑范围。

当然，有人会回敬我："您也只是通过自己的结论，也就是对人类挫折感的不忍耐，来看待病理的！"大错特错！认知疗法的关键恰恰在于坚信的反面：这种疗法建议对个人的信仰、抽象的生活进行评估和对照。它们是否理性，是否与现实抵牾？它帮助我们质疑自己的思维，不仅是患者的，更重要的是心理治疗师自己的想法，从这艰难的自我质疑中，断定生活的风险何在。"认知学派"心理治疗师不能凭空说教，让患者去反思生活，教导他做这样或那样更适宜的事，或者只是"克隆"一个人。他所要做的，不仅是追根溯源确定病根和弄清心理障碍情况，更要与各种教条和抽象的生活经验进行"争辩"，因为"争辩"能带来"双重的痛苦"，除了"我不仅遭遇生活的厄运"的结论，还有"我是否担负加剧厄运的某种责任"的追问。心理治疗的争辩，关键是为了避免患者被反复灌输那些针对本人、他人和世界的所谓正确的要求与期待。

我所期望在这本新著中呈现的，不外乎此：反对、撼动和质疑神经病理的教条。这是完全可能的，因为这些教条并不合理，是脱离患者实际的。为此目的，我选取了一些再普通不过的病例，毕竟糟糕的情绪控制是一个常见病因。我未提及"严重精神病理学”病例，因为几乎没有读者能够从中获得裨益，而且改写精神病理学也并非我的目的！我最感兴趣的是探讨个人发展的话题以及我们每个人都可能面对的普遍境况。这些会导致压力的生活境况就是我们的共同命运，我们将看到，所谓心理治疗的“争辩”或能有助于我们更好地掌控每日的情绪反应，而这种反应并不是始终适当的。

我记得有位拉康学派的精神分析学家对拙作《从国王般的成年人到专制的成年人》（*De l'adulte roi à l'adulte tyran*）表达了这样一番看法：“作者自己一定也面临挫折感的问题，才会如此执着于这一问题。”的确，亲爱的读者朋友，笔者也是普通人，也有自己的欲求和享乐的需要，喜欢“及时行乐”，面对现实的逼迫，进行必要调整时困难重重。作为受享乐原则驱动的人，对挫折的耐受是我们的固有困难。因此，我会用本书的十五个章节阐释这一困难，阐述我们每个人都会经历的困境，有时这些困境会转变为自身的障碍和痛苦，使得平静生活成为奢求。我会以这样的方式切入对日常生活的新的病理学分析。患者数量越来越多，儿童、青少年、而立之人，以及其他人，对于实现愿望与现实之间的平衡存在着困难。心理治疗师或许将逐渐成为某类心理教育者，在人人追捧的享乐原则和往往扫兴的现实原则之间，发挥一种教育和媒介的作用。这样的面诊可以让患者构建起真正的存在哲学，助其摆脱“对现实的疏离”和对及时行乐的追逐，从而在绵长的岁月中更好地享受人生。

本书前几章回顾了教育子女学会“忍耐挫折”是多么困难，近几十年来各种互相矛盾的理论使我们无所适从（第二章至第四章）。接下来探讨的是教育的欠缺将加剧自我中心主义，最终导致他人的痛苦甚至拒绝他人（第五章至第七章）。第八章将解释为什么他人的行为往往会激怒我们。第九章指出，现代人对反应能力和效率的迫切追求可能带来许多幻灭。第十章和第十一章阐述我们面对挫折的脆弱性，这可能引发更严重的心理问题，比如抑郁和某些成瘾症状。一旦我们的期待变得“不理智”（因为严重不符合现实），将连累我们的婚姻和日常生活（第十二章和第十三章）。第十四章涉及最难以接受的情况——人生大限。接下来的一章帮助我们厘清“接受”和“屈从”这两个概念之间的区别。最后的结束语部分与第一章类似，追述与某位精神分析学家同行的谈话，他帮我把这一酝酿中的假说形成概念：务必在享受生活、接纳不足和挫折两者之间寻求平衡，对后者有所保留，才能更坚强地生活，免遭所谓忒提斯情结之困——我在本书一开篇就明确了其定义。

我常常听闻“挫折是犯罪之母”的说法，但愿拙作能够让我们消除对挫折的敌意，原因在于，不断地对之抗争和拒绝，只能产生情感痛苦，这是更严重心理问题的最初信号。因此，在接下来的章节中，读者将发现，心理治疗师的态度不能仅局限于善意的陪伴。人们通常期待心理疗法的宽容性，然而争论才是心理发展之源。一旦建立起必不可少的同理心，我认为

"心理医生"应持对立立场，争强好斗，他要质疑和"责备"患者不切实际的想法，因为这些想法引领患者走向对自我、他人和现实的否认，从而体验到巨大的痛苦。"治疗者"挑起的这个"责备"的过程，把患者引向皮亚杰所说的高水平的平衡（équilibration majorante），这不正是一切心理疗法的目标吗？！它不仅增进认同、理解和阐释，更重要的在于启动变化的程序，以免自限于各种只能导致故步自封的假说，或是进一步强化那些使人产生痛苦、失去进步可能的行为。但愿本书能让读者认识到，心理疗法不仅是一种促进自由表达的手段，也应该让人走向某种接纳，这是一切进步的先决条件；它也应是对立的和打破平衡的，这样才能具有建设性，使人得以走向个人实现的道路，追求自我和现实和谐的生活——通往真正幸福的关键之路。

第一章

从俄狄浦斯到忒提斯

D' Œdipe à Thétis

“亲爱的同行，我阅读您的著作多年，您的《长椅革命》[1]我很感兴趣。作为接受过专业教育的精神分析学家，我不能苟同您的某些想法，但是存在主义心理疗法（psychothérapie existentielle）的可能性假说，也即某种介于分析疗法和认知行为疗法之间的融合，给我留下深刻印象。期待能与您探讨……”

2005年，我为《精神分析黑皮书》（*Le Livre noir de la psychanalyse*）撰述了两章内容，在结尾我呼吁与精神分析学家们展开合作。尽管对某些教条持保留意见，但我认为拥有多年研究病患经验的治疗师们，可以丰富心理疗法的实践。几年前这本《黑皮书》的出版所引发的抗议让人记忆犹新，此书质疑

1 《长椅革命》（*Révolution du divan*），是本书作者出版于2015年的一本书，探讨了存在主义疗法。此处“长椅”指代心理诊所。——译者注

弗洛伊德的主要病例，指责精神分析疗法一家独大。这封电子邮件在十年后姗姗来迟。这是一个绝佳的机会，我得以与一位秉持不同观点的精神科医生交流看法。这封信的口吻似乎是积极的。我马上回复了邮件。我们彼此交换了一些看法，最后决定见面。

这次会面是在巴黎第14区的一家餐馆里。那天阳光明媚，仿佛象征着我们将走出各自的幽暗街区。这位心理分析的同行年届六旬，他准时赴约（在我想象中，他应该饱受精神分析信条的折磨，一定会在现实的约会中迟到……），穿着运动衫，没有弗洛伊德式的大胡子和文质彬彬的眼镜，他的脸上露出夸张的笑容，湛蓝的眼睛望向我，嗓音显得非常友好，这些让我对他的刻板印象消散无踪。真是个不错的开头！

我们围坐在一张咖啡桌前开始谈话，第一个话题是"象征和现实"。他认为心理只是"象征"，而我的认识与他的恰恰相反，认为心理是现实生活的综合。随后我们一起进餐，进行了充分的交流，不过两人仍然各持己见互不相让，互相在各方面进行诘问和答辩。品尝咖啡的时候，我们的想法更清楚了，默契而坚决地把话题转到……"享乐"上来。

精神分析学家：在您最新的一本书里，您把心理病症视为人的享乐欲和不可避免的现实挫折之间的简单不平衡，这种观点的确很吸引我……您终究还是重新拾起西格蒙德·弗洛伊德的两个基本观念：享乐原则和现实原则。

迪迪埃·普勒：的确，毫无疑问，但我的看法是，人对享乐的不停求索不能仅仅归结为追求性快乐。享乐的追求范围更广阔：从孩提到成年，我们不断地渴望饮食、游戏、人际交往、工作的乐趣，当然，少不了爱情。

精神分析学家：是的，弗洛伊德的泛性论饱受批评！不过，弗洛伊德提到禁忌和阉割情结时，讨论范围仅限于性爱，他理解人类“向死而生”的悲剧……

迪迪埃·普勒：我们在这一点上并无分歧，哲学家波利策（Politzer）非常喜欢生命悲剧的命题。如果没有享受当下的渴望，接受生命之有限就无从谈起！因此，我绝不会责备患者，他们很难摆脱死亡的话题。他们往往只能印证我们所有人都免不了的过度担忧。

精神分析学家：谈到心理病症……别忘了弗洛伊德的名言：“我们都是精神病患者！”

迪迪埃·普勒：但是，怀有相同的忧虑，并不会造成疾病，从对这一忧虑的反应，才能判断是否患病！我曾经有11年的时间负责管理少年轻罪犯，这段经历让我相信，他们的问题是为了享乐而不计代价，其实只是我们能否接受现实这一共性问题的夸张表现。

精神分析学家：在您看来，轻度犯罪与人类的普遍的恶无关？

迪迪埃·普勒：的确无关。我总是觉得轻罪犯显得符合人性，过于符合人性了，但不是受到作恶欲的支配，而是不计代价的享乐欲。

精神分析学家：跟米歇尔·勒迈（Michel Lemay）一样，我一直相信轻度犯罪是对“我与母亲关系糟糕”的反应（他强调说）。

说到法国精神病学家米歇尔·勒迈，我有幸在魁北克蒙特利尔附近的鲍思高维尔（Boscoville）机构与他见过一面，他认为在精神分析观点的影响下，我们把反社会行为或真正的轻度犯罪理解为“情感缺失”。我学习心理学专业时在一家教育介入中心工作过，这家机构接收青少年轻罪犯，从那里的日常情景来看，我只能得出教育缺失的结论。大约十年后，信服精神分析理论的心理医生们接手了这家机构，基于他们的信条，教育很自然地迅速成为我们工作中一件可有可无的事情。感化人员寻求轻度犯罪行为的“意义”，他们试图用团体精神疗法来填补青少年的情感空洞，却忘记了最重要的继续教育，脱离了实际，教育职责履行得越来越少。然而，这时我已取得心理学文凭，看到大多数介入者沉溺于“象征性”，我不得不离开这家机构。对此，我这样跟我的对话者解释：

迪迪埃·普勒：如果我看到这些“心理团队”——某种团体心理分析疗法——所带来的改善，我一定会加入其中，但是几年下来，我渐渐发现，在这个半自由机构中，青少年们的行为日渐败坏……他们的暴力活动不停，犯罪行为不断出现。根据精神分析理论，“象征性”在无意识中导致禁忌的产生，似乎对现状没有任何建设作用，导致我对精神分析理论从整体上产生质疑——虚无缥缈的东西从来都无法让我动心！

精神分析学家：好吧！不过我们出乎意料地在“象征性”上面找到了更多共同话题：至于俄狄浦斯，您已经明白，不是简单指爱上父亲或母亲，重要的是父母的反应：“孩子，你不能为所欲为，不能按照你的想法去生活！”就像您喜欢说的，这不正是接受充满挫折的现实的第一个禁忌吗？

的确，俄狄浦斯情结不能简单归结为一场家庭闹剧！不过，我不得不强调我对象征性的俄狄浦斯悲剧的不同看法，从教条来说，这一悲剧参与了对人的心理的构建。我与对话者提到弗朗索瓦丝·多尔托（Françoise Dolto）的“生成性象征阉割”（castrations symboligènes）。多尔托认为，断奶、洁净，还有俄狄浦斯情结的消解，是儿童情感心理发展的几个重要阶段，因为儿童通过这几个象征性阶段把现实世界的禁忌内在化了。我不相信把象征转变为现实的魔法，我也不认为儿童被明确告知乱伦禁忌，就会乖乖听话而不再为所欲为。我无法说服自己，现实就是某种潜意识领域之外的世界。这位精神分析学家朋友表示赞同，他知道我们永远不可能在潜意识对于生活的优先地位这一点上达成一致。我相信意识的力量更胜一筹。我们不再在这个话题上继续纠缠，而是返回让我们立场接近的话题——享乐原则和现实原则之间的关系。

精神分析学家：至少在这方面，我们之间存在一些共识！而且您也说过，弗洛伊德的《文明及其不满》（*Le Malaise dans la civilisation*）是您的枕边书之一。

迪迪埃·普勒：是的，我认为这本书证明弗洛伊德是真正的……哲学家。

精神分析学家：少了哲学的精神病理学不值一提，您在《长椅革命》中曾经这样说过。

说到这里他大笑起来，我接着说：

迪迪埃·普勒：以后肯定会谈这个，不过回到原来的问题上，弗洛伊德没有把享乐原则扩大到一切享乐之上，这是多么遗憾啊，快乐的不只是性爱！其他很多快乐都被漏掉了：家庭和儿女、饮食、社会生活、工作、友谊、娱乐、艺术、创造活动、运动、旅行……这些快乐也会碰到不近人情的现实的阻遏。

精神分析学家：19世纪末，性快乐的问题最为突出……

迪迪埃·普勒：不过这仍然明显地把争论简单化了：或是放纵性爱，或是在各种禁忌的桎梏下发疯！法国1968年的“五月风暴”运动证明，肉体的快乐解决不了任何问题。除了解放身体，其他欲望也渴求被放纵，因为人对快乐的追求是无止境的。相关的剧目在现代消费社会比比皆是！

精神分析学家：我的确遇到很多患者，性生活非常满足，但其实并不幸福……

迪迪埃·普勒：我也看到很多人，性生活不如意，但仍追求其他的享乐，比如各种成瘾物、暴力、各种粗野行为、强迫他人……

我开始一个人滔滔不绝，我对这个问题的着迷差不多有40年了！我的对话者耐心听我说。我承认他的善意让我陶醉，体会到“精神分析对象”们多么享受分析者的沉默和完全倾听，这让“他们”不仅要说，简直要和盘托出！他认真听我对于精神病理的长篇大论：“我认为这些病状绝非仅仅是性压抑的表现，而是承受着某种失衡，这在如今十分普遍且通过很多行为表现出来，也就是渴望中的享乐或欲求与被迫妥协或现实挫折之间的失衡。我发现这种失衡在神话中有一个典型的形象，那就是英雄阿喀琉斯的母亲忒提斯女神，宙斯和波塞冬都追求过她，她希望自己的儿子成为没有缺陷的人。她竭力赋予儿子各项能力，希望他战胜尘世的一切挫折，用她的方式教育他，这使他闷闷不乐……”因此我提出“忒提斯情结”的说法。我试图说服对话者，这一情结纯粹是对这种现实生活中快乐和不快乐的失衡心态的表述。它不是“本我”和“超我”两种潜意识诉求之间的象征性斗争……忒提斯情结是生活的乐趣和无奈之间的现实而清醒的冲突！

他破天荒地打断我的话，嘴角仍然挂着一丝笑容，这神态不是在嘲笑，而是在刨根问底。

精神分析学家：这种情结来自希腊神话！您看，我们都需要象征符号！或许弗洛伊德对于象征符号的运用并不像现实工具那么清晰明确。不过这个忒提斯，为什么被用来代表一种“情结”？

我告诉他，通过阅读卢梭的《爱弥儿》，我发现了忒提斯女神的命运。我引用这位哲学家的话：“据说忒提斯为了让她的儿子无懈可击，把他浸入冥河水中，其中寓意既美妙又明确。我所说的冷酷的母亲则是另一番做法，她们让孩子们纵情逸乐，其实是把他们推向痛苦之中……”[1] 在神话中，忒提斯忘记浸泡阿喀琉斯的脚后跟，在无法预料的现实中，这里成为他的命门！

我的精神分析学家对话者试图用下面这番话概括卢梭的思想。

精神分析学家：忒提斯情结是客观现实和我们的欲望之间无法化解的冲突，现实通常是艰难和无奈的，或者借用您常常使用的形容词——是“充满挫折的”，而我们的欲望则不喜欢承受过多不愉快……

迪迪埃·普勒：一点儿不错！幸福——请原谅我使用

1 让-雅克·卢梭：《爱弥儿：论教育》，巴黎Flammarion出版社，1966年，第49页。

这个浮夸的字眼——可以表达一种企图，即努力在接受挫折和感受快乐之间、享受生活和忍受生活之间进行平衡……我认为，这一切是在清醒意识中进行构建的。在逆境的激励中，人们会找到自己的解决办法，不过最终的解决办法可能是非理性的：从拒绝经历别的挫折，发展到想避免或无视挫折，不顾一切地享乐。反之，如果他清醒地决定，自己要找出符合现实的解决办法，我称之为“生活的凝练”，从过去的经验出发来思考生活，他将逐渐接纳更理性的生活：承认生活中虽然充满快乐，但也难免遇到……挫折！

精神分析学家：我明白了。那么，您认为心理疾病在于……

迪迪埃·普勒：缺乏平衡心态。既符合天性也符合人性的享受生活的愿望，以及接受生活不能一切如愿的现实，两者之间出现失衡！我们的很多患者都没有找到这一必要的平衡的关键……

我们继续对话，谈到我们的患者们在21世纪遭受的痛苦：传统精神病理学认定的精神疾病是围绕低自尊和不自信发展而来的，很多表现为无力承受现实。与其说是因为他们无法适应现实原则，不如说是因为他们想要一个完全顺从他们的现实。扎里菲昂（Zarifian）教授曾告诉我，20世纪的精神疾病属于抑郁症范畴，而21世纪出现的精神疾病会被归入恋己癖精神障碍……

当然，在这个话题上我们的分歧仍然很明显，我的精神分析学家同行坚称：

精神分析学家：无论抑郁症还是恋己癖，这些病状的根子都在于幼时的冲突或缺失！您也知道，依恋理论（Théorie de l'attachement）已经阐明了这个根源：承担照顾职责的母亲因为精神不稳定或焦虑状态而导致儿童产生不安心理，儿童将来会在情感问题上重蹈覆辙。他会不停地寻找从未获得的在感情上的安全感……

迪迪埃·普勒：母亲一定要负责吗？在我向您提到过的那个教养中心，我们也听到过同样的解释：少年惯犯们之所以违法乱纪，是因为他们在感情上有所缺失。然而，当我见到他们的家人，翻阅大量卷宗并申请对送入特殊机构之前的少年惯犯进行一系列社区调查之后，我发现在大多数情况下，这些少年犯小时候都生活在正常的“情感”环境里，得到父母的关心爱护……

我企图用与这些青少年朝夕相处11年多的亲身经历来说服他（当时的青少年保护法允许这些教养中心把他们收容到成年以后的21岁）。我再三告诉他，问及某些不轨行为背后的原因，最常听到的理由是“因为我就想这样做”，没有其他解释或不为人知的原因。在我看来，这表现出一种“无法无天”的心态，而非“情感”欠缺者所遭受的痛苦。我的对话者一直认真倾听，他对少年犯罪的“病理状况”特别感兴趣。他同意我的观点，这一情况与其他“当代”病状具有相似性，如儿童的大发脾气、因为厌学导致的拒绝上学或学习失败、并非针对自己而是针对他人和现实来发泄的青春期危机、只为“好玩”而不为“填补”或补偿缺失的各种成瘾症状、因为“孤单”而做出的种种粗野行为、对他人漠不关心……我一一列举这些“LFT”（low frustration tolerance，低挫折承受力）的表现症状。我的导师、美国心理学家艾伯特·埃利斯早已有类似猜测，正是这位导师在纽约对我的多年培育，使我成为一名心理治疗医生。2005年，他写道：“大多数精神疾病表现的根源都在于这种‘低挫折承受力’。”

精神分析学家：埃利斯所言的“低挫折承受力”，在您看来，是否仅仅是教育缺失的结果？

迪迪埃·普勒：这种缺失是父母在教育子女上的缺席，也是生长环境的放任——从不违背孩子的意愿和要求共同导致的。在息事宁人的态度下，父母们不可能质疑生活的既有经验和孩子的想法，如果没有教育的介入，孩子只能凭借自己的固执想法来理解和构建自己周遭的现实。

精神分析学家：是的，您对于父母的作用和孩子命运之间关系的看法，就是从这里得出的……您在这个问题上是有道理的，即使我仍然相信整个冲突或争论都躲藏在潜意识之中……

虽然他对精神分析学的无所不能的潜意识仍然深信不疑，但他的略表赞同让我感到满意！

我还告诉他，法国一家公共电台再次在节目中对弗朗索瓦丝·多尔托表达了毫无保留的称赞，这让我很愤怒。这不过是屡见不鲜的造神罢了……我的“见怪不怪”的对话者对于我愤恨不已的口吻，不由得露出一丝微笑。他见识过我对他所属的那个处于主导地位的学派的“讨伐”……况且，他也拒绝盲目崇拜这个学派的大人物们，他同意我的看法，这个学派把一种研究方法神圣化了，必将倒退到无法探讨和质疑一切的地步。他也和我一样对皮亚杰十分信服：不经过失衡的阶段，任何思维都不可能达到“高水平的平衡”，也就是对现实的重新适应。人云亦云是唱诗班的事情，丝毫无助于进步……趁着达成哲学共识的良机，我继续说道：

迪迪埃·普勒：不过，我还是要向你们继续我40年来从未停歇的抱怨……衰老让我变得爱唠叨了。

精神分析学家：请坚持下去，不要屈服，既然您是生活在现实中的，就要不停地写！继续告诉我们，人类如何走向自毁，您曾经这样描述过21世纪的精神疾病。精神分析拯救了很多在形形色色的禁忌支配下缓慢毁灭的人，如果需要，精神分析仍会继续努力。不过，请继续分享您的观点，虽然人类已经成为自己的敌人，但仍然要告诫他们，不断地帮助他们。我们要治病救人，纸上谈兵是不够的！

谈一谈人类自身的非理性的传奇吧，用您最喜欢的方式来表达。

我对他说，“非理性的传奇”将是我的下一本书，其中综合了我的某些患者的例子……

时间飞逝，咖啡馆的伙计看到我们离开座位一定很开心，因为我们吃过饭之后几乎没有点任何东西！我答应等书出版后送一本给这位应邀前来的开明的精神分析学家，我甚至冒险告诉他将来要写的第一个主题：儿童的无法无天心态的产生。我坚持认为：

迪迪埃·普勒：这种心态出现得很早。父母过来咨询是因为他们不知道该如何是好……

精神分析学家：您瞧，一切都是从幼年时期开始的。

他带着一丝得意的神情撇撇嘴……但是我们不想继续争辩。他知道我多么讨厌弗洛伊德在父母和教育问题上对玛丽·波拿巴（Marie Bonaparte）的答复——“父母啊，无论你们做什么，都是糟糕的！”我的对话者又一次笑起来，向地铁口走去，我陪着他一起走，趁这短短的时间对他说：

将来我还会努力说服您，现实往往胜过潜意识！我会把新作寄给您！

我已经想好下一章的标题：选取拙作《从小皇帝到小暴君》（*De l'enfant roi à l'enfant tyran*）中的“穿尿布的大王”这个词儿！

第二章

穿尿布的大王

Sa majesté des couches

小皇帝的前身

“在孩子还是小宝宝的时候，我就怀疑他是个无法无天的家伙！”这个“母亲患者”的反驳火力十足！她30岁左右，是一名律师，有一个两岁的男宝宝，名叫阿蒂尔，还有个四岁的女儿，名叫吕迪文娜。她最近读了我写的第一本关于教育的书。

我向她解释，从很小时候起，甚至几个月大的时候，父母的某些举止就可能助长幼儿的无法无天的行为。必须说明：婴儿不是生来就会使坏，他绝对不会故意利用周围的人或攫取权力。

当“心理医生”提到孩子向无法无天迈出第一步时，我很理解这位母亲的反应。提起宝宝的任性胡为，其实我的底气也不太足。“任性”这个词不仅触及儿童心理学专家的敏感点，也触到父母的敏感点。很遗憾我们没有别的词来形容幼儿的这种行为，他们没有一丁点儿操纵父母或其他人的坏心思。“任性”也不符合对于稍大孩子的同样定义：幼儿期之后，儿童故意表现出情绪失控以获得某些利益，这其实是真正的感情讹诈。而婴幼儿阶段的孩子只是对阻碍他的享乐原则的企图表现出不满行为——没有被喂食、被疼爱或爱抚，我还要更多，让周围的人对我让步的唯一方式就是发脾气！

母亲：可是我在书上看到过，婴儿不会任性，他的发怒只是一种感情索取，是他对我们的唯一的表达方式！

心理医生：我读过弗朗索瓦丝·多尔托及其后继者的书：“七八岁前不存在任性行为！”他们不认为孩子存在某种恶意，这是有道理的……不过他们是错的，婴幼儿首先是生物学意义上的人，无法承受挫折，具有追求享乐的本能，为了满足需求和避免任何挫折而不断进行斗争……

母亲：可是，这仿佛是把孩子说成本质上的坏人！您在书里常常提到哲学家让-雅克·卢梭，他不是说孩子性本善良吗？

回到卢梭

卢梭遭到误解的时候太多了，他说过儿童似乎是性本善的……蒙田笔下虚构了“善良的野蛮人”，卢梭在《爱弥儿》

中却不惜笔墨一再重申，身上不存在任何权威束缚的儿童，不仅会成为“神童”，也会成为家里的小霸王——没有任何教育的制约，他最乐意追求的是无法无天。儿童从本质上来说非善非恶，他只是需要比他更懂得现实的人来教养和“抚育”，也就是他的父母、监护人和教育者。卢梭言之凿凿，没有教育者的介入，儿童可能很快变得飞扬跋扈。人们对卢梭的误读依然如故，我不知道为什么。卢梭主张教育要回归理性，也一直认为儿童需要强大的权威，才能避免变得无法无天。我再次向这位母亲谈到“善良野蛮人的神话”，这个说法被人误以为是卢梭提出来的。我告诉她，卢梭认为自然的人会受到文明的腐蚀，伏尔泰在攻击卢梭时提到“善良野蛮人的神话”。在《论人类不平等的起源》中，卢梭指出，人类因为缺失某些文明道德而败坏。但他从来没说过人性本善！就这样，人们继续把这种观念误以为卢梭的思想。人性无所谓善恶，但可能变好或变坏，因此教育就不可或缺。卢梭始终明白，虽然必须满足儿童的自然需求，比如自由，但是不能满足他的一切需求。我向这位母亲提到《爱弥儿》中的一些段落：

> 你知不知道用什么方法准可以使你的孩子受到折磨？这个方法就是：一贯让他要什么东西就得到什么东西；因为有种种满足他的欲望的便利条件，所以他的欲望将无止境地增加，结果，使你迟早终有一天不能不因为力量不足而表示拒绝；但是，由于他平素没

> 有受到过你的拒绝，突然碰了这个钉子，将比得不到他所希望的东西还感到痛苦。……快乐，他！他是一个暴君；他既是奴隶当中最卑贱的奴隶，同时也是人类当中最可怜的人……（《第二卷》）[1]

我无法说服她。

母亲：还有，你跟我说的所有这些都是可怕的决定论！如果幼儿没有受到合适的教育，他可能成为霸道的儿童，照您的说法，接着他会成为霸道的青少年和霸道的成年人……

心理医生：不，我相信每个人都能改变，否则我的工作就失去意义了！我知道，教育——当然，一定要有挚爱——会产生奇迹：拥有爱和挫折，年轻的轻罪惯犯可以重新融入社会，堕落的青少年与优秀的堪为榜样的成年人在一起，可以悔过自新。我目睹任性胡为的成年人找到了理想的伴侣，停止了离经叛道的行为。仅仅因为我相信改变是可能的，因此提倡进行早期教育介入，减轻人类先天的机能障碍。学习为人，不是一个美好的计划吗？这正是教育的功能，可以尽早在孩子尚小的时候进行！

从孩子很小的时候起，孩子的自我过分膨胀可能导致他发展成无法无天的人。要别人接受这一点不是易事。这绝不是指

1　卢梭：《爱弥儿：论教育》，李平沤译，商务印书馆，1996年，第86页。——译者注

责全体人类成员，未卜先知地给他冠上未来恶人的称号，只是平淡无奇地指出，在“享乐和现实”之间，也就是个人享乐和出于现实限制的必要调适之间寻求平衡，正是一切社会生活的必要因素。

心理医生：若是在小时候只顾追求享乐，这是完全正常的，而这种想法从未遭到反对（来自现实，首先是他人、父母和教育者），那么就可能会拒绝一切不愉快的、束缚性的……和令人沮丧的现实。

母亲：其实，您说过，我们做父母的要教给孩子“生活不会永远一帆风顺”的道理！我能理解……但是我很担心，就像您曾经说过，父母只是现实世界的代表，因此我们可能会忽略促进他的个性充分发展这回事儿。

21世纪的孩子不堪一击？

我的“患者”不容易接受我的说法，不过我必须解释一下我定义为“古典”儿童心理学的那些观点，这是一个绕不过去的步骤。这些观点宣称，忽视儿童的独特性、欲求，甚至其本质，是十分危险的。我对此完全认同。在过去的几个世纪中，儿童普遍受到权威的压迫，成长过程中遭到抑制、否定，受教育的目的仅为满足国家、教会，甚至至高无上的一家之父的需要。但是在21世纪伊始，我们面临的情况完全相反，就算仍然有很多儿童遭受严重的情感缺失或过度的权威压迫，但其实很多孩子——我相信数量越来越多——都是教育缺失的受害者。他们所痛苦的不再是自我和自尊的存在本身，而是对所谓“沮丧”现实的拒绝，这使得他们处境艰难。很多人并不缺乏父母的疼爱，但是在不受限制的氛围下成长，由于变得更加脆弱而不得不寻求心理专家的帮助：不能处理与他人的关系、无力振作自己和付出努力、在权威面前不知所措、面对一切逆境和……现实无比脆弱！

心理医生：不如回到我们见面的动机上来！您的两岁的小阿蒂尔不易入睡，不肯吃东西，您说每天都精疲力竭……

母亲：是的，哪怕陪他一起游戏，也往往以发脾气收场。在公园里，他总想挑衅别的孩子，让他乖乖的可太难了。我带着他的时候不敢进商店，太可怕了……周末时，我觉得一切都要围着他转，我们做父母的仿佛不存在一样。我承认，有时候我也生气，我说话他仿佛听不到一样。

心理医生：就好像“真后悔生了你！”，您恐怕会自怨自艾……但是如果家里出了个小皇帝，偶尔在冲突的时候，心里只有一个念头：把他脑袋揪下来！

母亲：您这样说真可怕！这个孩子当时可是我们盼星星盼月亮一样盼来的……

心理医生：对孩子的期盼是无法促使他成材的，我们这个世界毕竟不是童话世界！

母亲：那么就算您说得对，我的小阿蒂尔是个小皇帝，该拿他怎么办呢？

心理医生：重新掌握您自己作为成年人的权力，这份权力不属于孩子，否则，他会表现出某些我觉得太过专横的举止——企图竭力获得不正当的权威……

当我提到父母必要的权威时，我的对话者似乎不以为然。她引用了从很多书本里读到的“积极的父母”以及“和风细雨的教育”。这些建议与我方才所说的完全相反，是玛丽亚·蒙台梭利、弗朗索瓦丝·多尔托和其他很多人的徒子徒孙的观点——只有拥有极大自主性，摆脱成年人的权威枷锁，孩子才能获得充分的发展。如果他在幼儿园的时候自己选择活动，就能学得更好；如果他的节奏被别人接受，就能找到学习的动机。当玛丽亚·蒙台梭利发现20世纪初的种种教育谬误时，她试图对环境以及成年人对幼儿的教育进行调和，这样做的确没有错。规矩更有利于发号施令者，而不是被规矩所束缚的人。与专制氛围进行斗争是正当的。

开明的思想历来反对教育者虐待就学的儿童。我们还记得托尔斯泰和他的波利亚纳学校的教育计划。在19世纪末，他想给农奴的子女提供最好的教育。后来，儿童心理教育学家亚历山大·萨瑟兰·尼尔（A. S. Neill）创办了夏山学校（Summerhill），推广激进的尊重儿童教育计划。当时是

20世纪20年代，直到70年代初他的书籍在法国出版时，他的计划才在法国获得反响。尼尔与同时代的玛丽亚·蒙台梭利一样，在教育计划中吸收了精神分析的观点，直到弗朗索瓦丝·多尔托，才出现我所说的真正的教育“精神分析化”（psychanalysation）。

这些教育方法尊重儿童的需要和创造力，并帮助他们走向独立自主。儿童反抗任何“阉割企图”的权威，渴望一切学习更具动力，也希望现实既不是灰暗的，也不是咄咄逼人或令人焦虑的。否认这种教育的合理性，是绝不明智的。然而，这些教育方法在当时的年代具有革命性，也意图打击有害的父母权威，最后则将矛头指向更广泛的成年人权威。脑子里存有弗朗索瓦丝·多尔托所谓“孩子只有权利而成人只有义务”的想法，那么一定会得出如下的结论：孩子不应该被成年人统治！我记得曾经与克洛德·阿尔莫斯（Claude Halmos）有过一次热烈的讨论，当时一家很有名的杂志社安排了这次会面，希望就我的《多尔托一代》[1]一书进行交流。她最后这样总结这次交流：“我们之间的最大分歧，是您想在家庭内部建立等级，但是孩子不应该遭受等级压迫！”没错，我真诚相信父母在家里的等级地位！如果孩子周围的环境都是扁平的，如何“培育”（提升）孩子呢？家长之所以希望“培育”（提升）孩子，就是

1 迪迪埃·普勒：《多尔托一代》（*Génération Dolto*），巴黎Odile Jacob出版社，2008年。

认为自己能够引导孩子成长，并且能帮助他摆脱童年的某些不切实际，逐步走进成年人的世界；要完成这一使命，家长必须拥有“高于”孩子的人格，才能帮助他自我发展、走向成熟，进而接受现实生活。

这些“现代”教育的巨擘，出发点是好的，避免对儿童进行惩罚和刁难，尊重孩子的独特性，免于依附成年人，激发他的学习意愿，这些都是合理的。不过我还听过一种荒唐论调：成年人不应该支配孩子，因为成年人的权威注定具有破坏性。2016年，从事教育工作的塞利娜·阿尔瓦雷斯（Céline Alvarez）提出这样一个观点，包括我的就诊者在内的很多父母都读过，即儿童应该在成年人的支持下发展和学习，但要摒除支配性权威。这位教育工作者认为，幼儿天性“良善”，而且天生富于同理心，不应被成年人的行为所束缚。她的大作[1]最后是这样总结的：“孩子充满爱心，天性善良，他们热爱和寻找所有真善美的东西，看到丑恶的事物则会皱起眉头。”我的“母亲患者”完全接受了这类作者的想法。

母亲：不过我的大孩子吕迪文娜一直都很乖，她很听话，从来不发脾气，总喜欢微笑，即使大一点儿进幼儿园之后也是这样。所有人都说她是小可爱！

心理医生：吕迪文娜跟她的弟弟脾气一样吗？

1　塞利娜·阿尔瓦雷斯：《儿童自然法则》（*Les Lois naturelles de l'enfant*），巴黎Les Arènes出版社，2016年。简体中文版由生活书店2019年出版。

母亲：天差地别！

心理医生：为什么这么说?

母亲：吕迪文娜从襁褓之时就爱笑。她是个安静的孩子，可以自己玩很长时间玩具。她需求不多。有时候我觉得她有点儿，怎么说呢，有点儿……胆怯，跟她弟弟完全不一样！

心理医生：是不是她的性格更加焦虑，不如弟弟胆大？她不够自信，在与别人的关系中存在感不足?

母亲：存在感不足，没错。我还没想过这一点呢。她能很自然地适应别的孩子，跟成年人在一起也差不多。肯定就像您说的，她的存在感不够……

心理医生：我绝对不认为您的儿子受到某种与生俱来的决定论的束缚，诸如所谓："他天生就这样，性格不会变了！"但是我们要明白，孩子有着不同的遗传易感性，只能因材施教！我再次重申自己的观点，您不能像对待吕迪文娜那样培养小儿子，因为女儿和他完全不一样……

权威的必要性

我坚持认为并再次为之辩护，在21世纪之初，孩子们遭遇一种全然不同的缺失，尤其是那些拥有支配欲、十分活跃和享受生活的孩子，他们会不断寻求更多满足。相较于那些脾气较为温和、欲求不多、性格较沉静和易于满足的孩子，“烈马”般的孩子们——我时常这样称呼他们——在其他孩子所处的环境中得不到充分的发展。他们对他人的感受较淡，只关心自己的事情和享乐。不过，在“享乐”和个人主义的环境中，应该教会这些孩子如何处理与他人的关系，也就是我15年前在《从小皇帝到小暴君》一书中所描述的“自我–他者”的关系。我的“母亲患者”似乎能够理解这并非宗派斗争或学派之争，但并不认同我的愿望完全是为了尽量提供更好和更适于当今儿童的教育方案。她激动地说：

母亲：“普勒式”的教育，是不是矫正式的教育？

心理医生：矫正借助的都是外力，而道德教育则与权威进行协调，并把规则内在化……首先是感受别人的存在，然后在行为上为别人考虑，而且不仅是为了取悦别人。

母亲：如果说孩子天生不合乎道德，是不是意味着他……没有道德感？

心理医生：是没有道德感，您说得对，不是不道德。通过教育，孩子才学会感受别人的感受，抑制自我，变得合乎道德。

母亲：如果我们承认成年人的权威是必不可少的……

心理医生：事实如此！我们要提防诱人的陷阱，所谓“儿童性本善良”的老调。这种论调对父母们很有诱惑力，因为人们最终容易相信，只要任由孩子充分发展自己的个性，他就能得到幸福。没有冲突，没有要求，也不存在自上而下的权威，只有一片欢乐祥和的教育。但养育孩子不是做游戏，也不是旅游度假……

我重新提起“事前权威”的观点，这是我自己的提法。以一种善意和呵护的，同时也不缺乏约束、要求甚至偶尔让人不舒服的教育来发展孩子的自控力。为了帮助阿蒂尔，我提议进行教育培训，对父母进行真正的指导，当然，我会与这位女性就诊者和她的丈夫一起努力。因为必须避免教育方面的不协调，关于这个棘手的问题，我们将在今后探讨。到这时候，这位女就诊者似乎赞同我的建议。她明白，在实施这个计划前，必须理解其中的理论。不过，她表达了最后一点迟疑：

母亲：可是，我在听您说的时候，感到要把儿子变成一个非常合群的人，同时也是个小绵羊和乖宝宝，温顺听话、消极被动、没有主见，总之完全不是个非常有主见、个性鲜明、具有奋斗精神的人……我很担心女儿吕迪文娜变成这样的人。

心理医生：请您别担心，吕迪文娜具有天生的同理心，她会发展出很多优点！但是所谓小捣蛋鬼生命力顽强的说法是荒谬的，他喜欢支配和挑衅别人，优先维护自我的利益。但从您告诉我的事情来看，您的小儿子活得很累，任何事情都让他觉得很难办。显然他没办法应对真实世界，在他人或是令人沮丧的现实面前，他不堪一击，完全不具有所谓顽皮孩子的坚强。

我们了解了这一点，没必要担心或者相信“小时偷针，长大偷金”的俗谚，更不必认同所谓童年时期的任何教育失灵都将无法挽回的说法。我绝不相信心理学中的决定论，也就是六岁之前决定一切的观点。这次咨询后，为了改变自己对小儿子的行为态度，这位“母亲患者”还会来晤谈几次。她还会给吕迪文娜设置更多的小挑战，协助她提升自信心，同时也将逐渐与丈夫一道建立一些必不可少的规矩，到现在为止小阿蒂尔还毫无规则约束可言。在指导期间，我们一起讨论了不同的日常生活场景，易于在这些时候灌输我所说的事前权威。他们看到，在类似早饭时决定吃什么这样的事情上，家长的介入可以在多大程度上避免之后的冲突。孩子明白自己不能决定一切，生活中有些规则由父母制定。这位女性就诊者将会理解，爱不能包办一切，父母要发挥作用，弥补孩子的缺陷。虽然某些孩子似乎“生来”性情温和，不需要怎么管束，她也将明白阿蒂尔这样脾气“顽劣”的孩子需要更加清晰明确的权威制约。

我坚决相信，任何教育介入都能让人发生改变，无论他有多离经叛道。20世纪70年代，在半羁押性质的青少年轻罪犯教养机构中供职的十年经历，一直让我无法忘怀……在那里，我这个心理系的大学生，同时也是成长中的特殊教育工作者，弄清楚了“享乐和现实”的问题正是很多精神病状或障碍的根源。

第二章

野孩子？

L'enfant sauvage ?

学习，是为了学会生活

贝亚特丽斯是一位34岁的年轻妈妈，在小学当老师。她并不是以母亲的身份来找我“咨询”——因为据她所说，在家里与四岁半的女儿夏洛特相处得很愉快——而是作为一名教师来寻求帮助。她烦恼的是自己带的小学一年级，坦言自己不知道该听谁的，是几年前在师范学院学的知识，还是最近读到的蒙台梭利的教育方法？蒙台梭利的确在法国一直享有盛誉。贝亚特丽斯读过我写的几本书，特别是《多尔托一代》。

贝亚特丽斯：我听您说，孩子面对不测的生活，从一入学校就要提高自己对挫折的耐受度。我还了解到，负责教育儿童的成年人应该成为真正的权威者，但是……（她住口不言）

心理医生：但说无妨。

贝亚特丽斯：我知道您会反对蒙台梭利的方法，可是我不得不说。蒙台梭利的理论中也有值得称道之处……多尔托也是……

心理医生：当然是这样，我一直对诛心之论感到不舒服。

玛丽亚·蒙台梭利的贡献

我告诉贝亚特丽斯，我从未质疑过这些教育学偶像积极进步的方面。20世纪初，玛丽亚·蒙台梭利谴责贫困家庭儿童所遭受的文化匮乏境况，我赞赏她的高瞻远瞩。后来她迫使学校做出改变，满足所有儿童之需，这是不可否认的进步。至于成年人要鼓励儿童的自尊自信，谁敢否认这个教育目标呢？在就学期间，儿童不再是简单的学习机器，不再是社会想让他学什么，他就得学什么，而是成为被完全尊重的个体。在1906年那个时代，成年人尤其是父母的专断之风盛行，蒙台梭利教育法是一场幸福的革命。补充一下，在法国，弗朗索瓦丝·多尔托也主张对儿童的基本尊重，儿童是富有情感的，不应该穿着灰暗的校服在体罚的威胁下念书。在那个年代，虽然弗朗索瓦丝·多尔托本人并未如此不幸，但那时所谓成年人的权威往往只是基本上不加掩饰的独断专行，儿童没有发表意见的权利。

因此，以“儿童导向”的教育方法来调整过度的权威，这种做法是适当的。但是当弗朗索瓦丝·多尔托在总体上阐述她的教育教学观时（当时已经是20世纪70年代中期），我认为她在维护一种过时的观点，因为成年人的权威已经今非昔比，经过1968年的“五月风暴”，社会上的一部分人对责任义务的任何一丁点儿迹象都会不分青红皂白地反对。弗朗索瓦丝·多尔托只承认儿童的权利和父母的义务（参见《儿童的利益》[1]），而且她认为给孩子一个“自选”的学习环境会更有效果。我的异议就在这方面。

心理医生：我对蒙台梭利和多尔托的质疑，有两个关键点。首先是成年人扮演的角色，只是某种便利的提供者，而不是拥有权威的人。成年人应该两者兼备——儿童的激励和建议者，以及辅助和鼓舞者；但成年人也应对儿童提出规范、要求和明确的限制指令，甚至惩罚儿童。这第二种面貌被怀疑为独断专行而遭到批评。在我们的文化中，我们无法想象一种权威人物，一面对孩子是爱护和哺育的，另一面却居高临下和发号施令……

贝亚特丽斯：第二个关键点是什么？

心理医生：顽固相信儿童生性善良，却因为教育或成年人传授的文化而堕落。因此要竭尽全力实现孩子的独立

1 弗朗索瓦丝·多尔托：《儿童的利益》（*La Cause des enfants*），巴黎Pocket书社，2003年。

自主，使他按照自己的天性获得充分发展。按照蒙台梭利和多尔托的说法，儿童天生富有同理心，有能力在经过选择的、愉悦而激励人的环境中学习。

贝亚特丽斯：不过在最后这点上，似乎蒙台梭利学校里提供的学习课程更有助于儿童获得很好的成绩，比如说，儿童的确迅速掌握了某些基本知识。

心理医生：那是没有疑问的，但是这好成绩是在我认为的一种不合理的情况下取得的。即使是成年人来框定儿童的学习任务，儿童也会选择对自己而言最具动力的任务。这表明任何人都会在自己喜欢学习的东西上取得更好的学习效果！

贝亚特丽斯：鼓励学习的动机，这不正是一切教学的目标？

当然，我向贝亚特丽斯重申了我的保留意见：如果儿童习惯了随自己的兴趣选择学习某项课程，很可能会无法接受绕不过的困难（用“心理学”的术语来说就是认知冲突），因为一个新的学习任务看起来过于艰难，或是一开始看起来感到不愉快，因而让他觉得非常沮丧。贝亚特丽斯承认这一点，她和我们所有人一样，对自己喜欢的教学内容掌握得很好，她喜欢文学，却无法在数学方程式上用心，或是背诵某些物理化学公式。她承认学习欲望肯定是人类与生俱来的，但是适应困难或“不愉快”的事物，却不见得是一种天赋。在进一步的谈话中，她提到让·皮亚杰。

贝亚特丽斯：在教师培训中，我们学习过，皮亚杰认为儿童面对新的困难，会质疑自己的一切知识，让自己适应新的生活环境。

心理医生：他为了适应环境而放弃自己的学习方式，是这样吗？

贝亚特丽斯：是的，在学习中，一切都是如此自然而和谐。这很接近蒙台梭利的教学法吧？

心理医生：皮亚杰的理论对某些儿童而言是正确的，对能够接受困难、失衡、质疑——我称之为“不愉快”和“沮丧”——的孩子来说，这个自发适应的原则可能真实存在。但是对很难忍受压力、困难、挫折的孩子来说，我不相信他们能够独自适应现实。大多数孩子会逃脱或避开考验。我们来看一个例子……

学习中缺乏忍耐力

在学习环境中或我的诊所进行的测试中，挫折耐受力差的儿童表现如何？面对逆境，他能保持专注和执着吗？不能。在贝亚特丽斯的一年级班里，儿童会试图寻找另一项他更加力所能及和具有更强动力的任务，幼儿园中班的幼儿也同样会这样做，如果在剪图案的时候遇到困难卡住了，他会马上放弃裁剪，拿起彩笔在纸上涂色。稍大的孩子在搭积木高楼不成功的时候也有类似行为，多次尝试失败后，他会很自然地拿起一件更简单好玩的玩具。

贝亚特丽斯：那么您认为，有的孩子会避免一切让他感到不愉快的事情？

心理医生：除非看到他这样做的成年人要求他坚持下去，换一种方法尝试。成年人的必要介入正是发生在这种情况下，一面是孩子的享乐原则，另一面是一切学习当中的现实原则，总是需要一点儿努力和坚持的。您瞧，蒙台梭利的教育法……

贝亚特丽斯：……更有益于对挫折……耐受力较强的孩子？

心理医生：虽然她的出发点是为条件较差的儿童考虑，但很可能成为一种“优秀者专属”的教育方法。也就是说，更加适用于已经得到激励并且受过挫折忍耐训练的孩子！

在我们的交流中，贝亚特丽斯稍稍被说服了，但是她再次谈到，她觉得我对孩子存在一种显而易见的固有的不信任。

贝亚特丽斯：您是不是倾向于认为每个孩子都是潜在的暴君？您不相信孩子是充满潜力的，并不具有伤害他人的意愿，而且无意支配他人？儿童不是像卢梭说过的，天性善良吗？！

2017年，畅销书作者塞利娜·阿尔瓦雷斯重提所谓儿童天性善良的说法，对卢梭思想的曲解令人忧虑。玛丽亚·蒙台梭利、亚历山大·萨瑟兰·尼尔（创办夏山学校的苏格兰儿童心理教育学家）和弗朗索瓦丝·多尔托支持儿童性本善的论点，因为他们三人都深信精神分析理论，认为人在非常幼小的时期便被专横和阉割的道德（超我）抹杀了个性、内心欲望、创造力和性欲，而道德只是对享乐的压抑和轻蔑。

贝亚特丽斯：我并没有看到精神分析在这一切中的作用！

心理医生：弗洛伊德的精神分析学自20世纪初之后变得非常重要。蒙台梭利的早期作品[1906年的《儿童》（*L'Enfant*）]中就将其奉为圭臬。在这一时期，她创建了自己的思想前卫的教育方法，首先要求对儿童应无条件尊重。

贝亚特丽斯：算是好事，对吧？

心理医生：当然！在儿童被视为物件的时代，专业的医师必须探讨儿童的情绪和潜力，以及只懂得禁锢和压抑的专制教育是如何败坏。

贝亚特丽斯：您看……他们捍卫儿童是正确的！

心理医生：没错。不过，至于道德对人的发展的威胁，虽然精神分析理论说得没错，却走火入魔，变成了“一切道德乃至一切道德教育都可能把人摧毁和抹杀”。相反，这一理论主张给予儿童最大限度的自由，尽可能减少成年人的教育和介入，认为只有这样才能充分实现人的发展……对于试图采取教育措施的人，我们总能读到某种怀疑，比如爱丽丝·米勒（Alice Miller）的书《这是为你好！》（*C'est pour ton bien !*）和迈克尔·哈内克（Michael Haneke）的电影《白丝带》（*Le Ruban blanc*）……满足儿童的需求和欲望的成年人，才算是“好”的成年人。

贝亚特丽斯：确实是这样，某些照顾孩子的成年人似乎认为教育只应局限于激励孩子的自立，协助儿童发展的过程中，尤其不能有过高的存在感。

心理医生：是的，贝亚特丽斯。教育变成了这样，所有努力都是为了让成年人提供建议和安排，回应儿童的期待，尤其不能对儿童居高临下，避免成年人表明自己的态度。然而作为成年人，他本应该掌握知识、担负教育传授之责、拥有提出要求甚至偶尔……施加惩罚的权力！我建议您了解一下这段文章。您知道作者是谁吗？

“我们应清醒认识教育的首要任务。儿童应学会控制冲动。让他无拘无束地追随自己的任何冲动，这是不可能的事情。这将是对儿童心理学家大有裨益的实验，但若果真如此，父母将生不如死，孩子自己也将遭受惨重的损害，部分恶果将立即显现，另一部分恶果则将在几年后表现出来。教育必须令行禁止，压抑克制，而且时刻不能掉以轻心。”

贝亚特丽斯：这段话跟您的观点很接近，对吗？

心理医生：作者是西格蒙德·弗洛伊德，出自他晚年的作品《精神分析引论新讲》，被收录其作品全集。[1]

弗洛伊德的这番话丝毫体现不出对幼儿的宽宏大量或乐观看法，面对这段引文，贝亚特丽斯重新提起所谓同理心，她认为同理心无疑是“天生的”。

贝亚特丽斯：我从书上读过，也亲身感受到，同理心——内心深处对他人的尊重——可能是儿童与生俱来的……

心理医生：有些儿童确实如此……有的孩子焦虑感较重，这一点在他们身上可能是真的，他们非常惧怕得不到认可，担心遭到抛弃，害怕冲撞到别人，因此似乎总是很警惕，竭力响应别人的情感或意愿。但是，你们却把同理心扩展到所有儿童身上了。

贝亚特丽斯：可是，塞利娜·阿尔瓦雷斯提到过对幼儿的天然同理心的研究。我在她的文章中读过，神经科学明白地证明，儿童能够自己分辨善恶！他们大脑中的激活区域无异于成年人。

心理医生：没错，瓦尔纳通（F. Warneton）和托马塞洛（M. Tomasello）的实验结果、美国耶鲁大学心理学

1 西格蒙德·弗洛伊德（Sigmund Freud）：《精神分析引论新讲》（*Neue Folge der Vorlesungen zur Einführung in die Psychoanalyse*）[1933]，Gesammelte Werke, XV, p. 160；法文版 *Nouvelle suite des leçons d'introduction à la psychanalyse*，《全集·心理分析卷》（*Œuvres complètes/Psychanalyse*），法国大学PUF出版社，2010, t. XIX, p. 233。

家保罗·布卢姆（Paul Bloom）的研究都是真实的，但是任何定性分析研究（以特殊环境下的少量儿童为对象的研究）都不能被解读为普遍而确定的规律。我觉得布卢姆研究中的儿童具有较为焦虑的性格，就像我向您描述过的。

学习过程中努力的必要性

当贝亚特丽斯提到神经科学的最新发现，以及儿童在没有压力的环境下学习效率更高的老生常谈时，我回答道，还有研究表明“困难”和“失衡”对于神经元的增加必不可少。

只有在焦虑状态，大脑额叶才显示其灵活度，因为任何新的学习内容对儿童来说都是一种障碍。很遗憾，人们误解了1989年邦塞尔（Bancel）督学向利昂内尔·若斯潘（Lionel Jospin）提交的报告。邦塞尔认为，务必避免激起学习者产生负面情绪，但他同时认为负面情绪是不可避免而且必要的。[1]没有挫折就没有适应。蒙台梭利和“现代”教育学强调任何学习当中的积极友善的氛围，我对此持绝对的支持态度。然而，通常被认为过于困难或“充满挫折”的学习任务都被回避并最终推迟了。因此，在幼儿园时期之后，儿童将立即遇到习字和

1　迪迪埃·普勒：《学习、机能障碍和改变——对认知不成熟及其可变性的研究》（*Apprendre, dysfonctionnements et changements. Étude de l'immaturité cognitive et de sa modifiabilité*），卡昂大学心理学博士论文，1995年。

阅读方面的困难任务，甚至会引起某些孩子的不愉快。按照上述教育思想，最早学习的知识应该是积极和鼓励性的，让孩子“沮丧”通常被认为会抑制他的学习意愿并对他造成压力。我认为，有效地创造最佳的氛围，鼓励学习积极性，这是必不可少的，同时我也觉得，必须让孩子尽早适应和面对不愉快及困难的任务，这就是现实。

我还提醒贝亚特丽斯，神经科学虽贴着真理的标签，但仍需验证。阿尔瓦雷斯在她的畅销书中提到，从一些实验中推导出一岁的儿童已经拥有成熟的道德感，因为他会拒绝“坏人”给的糖果，接受“好人”给的糖果。贝亚特丽斯曾看过这本书，阿尔瓦雷斯提到的是莱比锡大学的马克斯－普朗克研究所（Institut Max–Planck）的研究。耶鲁大学的保罗·布卢姆[1]也曾提及类似的实验结果：六个月大的婴儿能够分辨善恶。以神经科学为支撑，作者重申里卡德（M.Riccard）的观点，人类生来具有同理心，同时具有天赋的利他倾向。我真希望能赞同这样乐观的观点！阿尔瓦雷斯的结论是：“我们并没有培养出儿童的同理心、道德感或利他主义，这些是他与生俱来的。”这就意味着，对儿童的教育要顺应儿童的天性，不能强加给他任何东西；学校里不存在“老师”，家里不存在教育者，而是一个个“扁平的集合体”。我多么希望能够相信这些说法……

1　保罗·布卢姆：《正义的婴儿：论善恶之起源》（*Just babies : The Origins of Good and Evil*），纽约百老汇书局（Broadway Books），2013年。

贝亚特丽斯：真是悲观的看法。您又回到了自己最喜欢的话题上。照您的说法，儿童应该是任性的恶魔和成长中的小独裁者？

心理医生：当然不能这么说……在这个问题上，我赞同让-雅克·卢梭。儿童说不上善或恶，他只是需要一种媒介或教育才能成长为人。他要领悟自己是谁，现实和他人又是怎样的。这要学习领会，并非生而有之……另外，人在生理上注定是追求享乐的，只有教育或“培养”才能缓解他的自我中心主义，以人性来束缚他的欲望，最终实现追求自我和尊重他人之间的和谐。同理心就是这样习得的。

贝亚特丽斯：阿韦龙的野孩子[1]难道不能证明，收养他的让·伊塔尔（Jean Itard）医生对其进行的教育是完全适当的，发掘了此前被抑制的潜力？在蒙台梭利学校里，老师也时常以这位医生的弟子爱德华·塞甘（Édouard Séguin）的著作作为参考。

心理医生：让·伊塔尔和爱德华·塞甘很好地证明，被抛弃而自生自灭的儿童不会发展出人性。阿韦龙的野孩子维克多正是靠教育成长为人。他不是天生为人，而是通过学习变为人。我们可以推想，这个好医生伊塔尔在野孩

1　1800年左右发现于法国南方阿韦龙省（Aveyron）的一个野孩子，并被取名为维克多（Victor），死于1828年。——译者注

子身上花了很多功夫才得到这样的结果！这无法证明人类发展只需要激发其先天属性。我认为，教育是艰辛和困难的，饱含冲突性和重复性，甚至有时让人感到厌恶，这一切在特吕弗（Truffaut）的电影中得到体现。

教师的作用，在我看来也是促进儿童对挫折的耐受力，从儿童很小的时候就要开始这个过程。在幼儿园里，一方面要激发每个孩子的创造力，强化他们的自尊自信；另一方面也要教育他们习惯付出努力和适应学习节奏，以及领悟同理心。这些不能等到孩子“想做”的时候再去做，而是要让其他人（包括成年人）教给他，有时候甚至是强迫他学习。

贝亚特丽斯：您心目中的教师是教训儿童的人？

心理医生：学校是对生活和现实进行学习的地方，我想不通为什么负责教学的成年人会拒绝教训的职责！这不正是“国民教育”的应有之义？

贝亚特丽斯：说到底，您倡导的是回到必不可少的纪律原则上，哪怕针对幼儿也是如此？

心理医生：确实如此……重读20世纪初的著作，我更喜欢1902年埃米尔·涂尔干（Émile Durkheim）在索邦大学的讲义，他讲到对儿童的道德教育。道德不是与生俱来的，因为它要承载优先性高于自我的“非个人”价值。

在索邦大学讲授道德教育课程时，埃米尔·涂尔干已经明白儿童的欲望如果得不到约束和限制，将会给自身造成折磨："个性中最基本的东西，是自控能力，它允许我们控制自己的激情、欲望和习惯，并给上述种种制定规则。"[1]显然，这就是成年人制定限制和规则的必要性！涂尔干显然认为道德行为具有"非个人"和"超个体"的"目的"，只能后天习得，因此必须建立担负教导职责的道德权威。

然而，这部1902年的讲义可能没有获得足够理解，也可能没平衡好儿童个人发展和对他者的感知这两种教育之间的和谐关系。因此，同时期的蒙台梭利成为绕不过去的人物。但是，社会性的自我和对每个人的自我的尊重这两者的争斗已经成为过去，因而蒙台梭利和涂尔干不应是非此即彼的关系，两人的思想应该交汇融合。仍是所谓"爱和挫折"，我为此疾呼40余年了。

心理医生：学习过程是成年人的传授过程！涂尔干没有说过"积极的纪律"，这是现代漂亮的"矛盾修辞语"（oxymore）。权威应该既慈眉善目，又"金刚怒目"，苛刻而让人心生沮丧。涂尔干也不鼓吹强制或惩戒性的教育，而是主张儿童在自身潜力和客观现实的协调中获得充分发展！这位伟大的社会学家的作品值得重读，他从不主张"以学生为中心"的教学法，更不赞同"以教师为中心"

1　埃米尔·涂尔干：《道德教育》（*L'Éducation morale*），法国PUF出版社，2012年。——原注

的教学方式，任何事情都要把握平衡！

我不知疲倦所捍卫的，正是这一观点：学习是享受，也是直面困难、接受困难并战胜困难，这个过程不是罗曼蒂克式的，或者不存在冲突或“悲伤”！不言而喻，既然快乐和痛苦之间的备受期待的平衡准则确乎合理，负责教育训诫职责的成年人就更要解决好挫折耐受力问题。这是另一个话题！我们即将看到，很多人是不容易接受挫折的，也就是说很难适应现实或他人。

第四章

我+我=我们!

Moi + Moi = Nous !

考虑自己的行为

“他踢的力气太大！真糟糕……去××的！”……

那是我跟六个少年轻罪犯度过的第一个周末，他们受到少年犯罪法庭的判处，被送到我们这个名义上为保护儿童的半羁押机构。我们在法国卡尔瓦多斯省奥马哈海滩的度假村租下一所小别墅。我们到租住的房屋才两个小时，就听到客厅落地玻璃窗打碎的声音。我忙着做晚饭，忘记了公共房间里有两个少年。他们打算踢足球，担任守门员的那个人自然把面朝大海的玻璃窗当成了球门……

“你们在搞什么？”

我那时才20岁，是这家教养中心的实习感化人员，靠着微薄的薪水在大学里读心理学，还有着理论联系实际的打算……第一次出任务就搞得一团糟！我呵斥少年犯：

“真是不可救药！竟然在客厅里踢足球！”

回答毫不留情：

“雷蒙这个蠢货开球开大了！”（另一个人活像大力发球的普拉蒂尼）“你这个守门的真烂，毫无反应力！”

我惊呆了。这个周末过得不太轻松，我切身体会到什么是“发泄犯罪”很简单，就是为所欲为！我就不说有人拿电磁炉直接烤牛排的事了，也不想提有人趁我在街角杂货店买东西的时候偷巧克力和其他糖果的事情。这种感受是此前从未有过的。其中一个小偷和从杂货店窃来的巧克力被我人赃俱获时，我跟他讲道理，他却这样回答：

“这么说，你从来没偷过东西？”

“没有啊，这巧克力是杂货店主的，花钱买才是自己的！”

所有人都对我的“道德”说教哈哈大笑。我们根本不在同一个世界上，我尽力让这个短短的周末别再出岔子。接下来的星期二，教养中心的主任路易·卡萨利把我这个教育小组召集在一起开周会。他忽然转头问我：

“普勒，这张支付给奥马哈VVF公司的750法郎的发票是怎么回事？”

于是我告诉他事情的经过和客厅里的足球。

他问我：“因为客厅里有个足球？”

“是的，我把足球和其他东西放在那里，正好是晚饭的时候，大多数少年跟我在厨房里做晚饭。”

“普勒，少年犯看到客厅里有只足球，他就会……”

“……一脚踢上去！”

享乐不计代价

我终于明白了：当他们“产生想法”，就会“付诸行动”，跟小孩子无异……反社会行为的第一堂课对我产生深远影响：“轻罪犯”无法抵抗诱惑。我也牢记一个基本原则，成年人也不能尝试做坏事，否则将会“有恃无恐”，将来难免误入歧途。在有反社会人格的青少年身上，将来会清醒意识到“行善”和“为恶”的区别。一年后我也明白了这一点，那时我正在蒙特利尔的鲍思高维尔机构进行为期几个月的实习。

我来到美洲，魁北克也是典型的北美风格，任何东西都规模超大。房屋、汽车、建筑，甚至犯罪的青少年也不是法国那种偷摩托车的小蟊贼。鲍思高维尔是一家封闭机构，关押着有抢劫、暴力、性侵甚至谋杀罪行的青少年犯人。这座监狱拥有“心理感化人员”团队以及运动设施、补习教室、职业培训工坊等。其目标不仅是通过体育锻炼、劳动和各种重建自尊心的活动来惩治他们的犯罪行为，更主要的是在他们身上激发某种道德教养，促使他们审度自我，引导他们远离异常行为，更要学会分享、承认他人，培养他们在“为所欲为”之时普遍缺乏的同理心。

因此，鲍思高维尔的心理感化人员创造了“反思会”这种小型会议形式，在每次活动后对活动过程及每个人的行为进行评议。这些反思的机会应该能够激发在反社会型人格障碍中往往欠缺的对他人的感受。在实习期间，我也参加过此类会议，这种“替代性”学习深深吸引了我：通过受害者进行“反馈”、反映和批评的方式，让人对某些错误或发泄行为产生意识……但理论显然超越了现实，因为质疑或觉悟从来都不是发自本能的。

某晚，我们就一场美式橄榄球赛召开“反思会”，每名球员都玩得很尽兴，但都有点儿忘记集体运动的目标——在整个团队的配合下触地得分！18岁的让第一个发言：

“我发现右路没人防守，我还跑到那里等大鼻头给我传球！”

“你好像没被安排在接球的位置。”被叫作大鼻头的人说。

“别人还说投球手要观察全场，但你既然是个大鼻头投球手……”

“首先，讲话时不要喊外号，你们知道规矩，”主持会议的心理感化人员插话，“其次，让，你为什么没有听命令？”

“我已经说过了，我前面有一条通道，没有防守队员！”

“说到底，你本来该保护真正的接球手的，却被对方球员抱摔了！简单来说，你想特立独行，没有服从命令，”心理感化人员总结说，“……你明白了吗？”

“我明白……就像那天的垒球赛一样……你还是把我当小孩看！”

“不是当成小孩……是当成不能控制自己想法的人！”心理感化人员强调。

他说，让的行为是这个小组每个人身上都存在的典型困难。所有人犯过的错误被再次提起，每个人都承认，很难抑制自己的欲望和“冲动”。当心理感化人员要求想出解决办法时，讨论开始了。一个人说：“脑子里要有个警察！”另一个人说：“不如一圈警察围着让这种变态开枪！”每个人都试图找到办法：怎样才能控制爬行动物一样的大脑——这是心理感化人员的说法——真正动脑子思考呢？他们努力“换换”思路，这正是这次会议的目的。看到他们终于学会倾听，并且逐渐开始考虑旁人的意见，这是最有意义的……“这就是所谓替代性学习，”拉里韦（S. Larivée）后来这样告诉我，他不久前答辩了同一主题的论文，“除了准备犯罪这种享乐情形，轻罪犯不具有抽象或长远的思考方式的能力（皮亚杰称之为‘形式’思维）。强迫他们发言、倾听，承认别人的观点，就是迫使他们真正地思考。”我记住了这种做法，返回法国后尝试把在魁北克这几个月里学到的一切引进我的教育介入中心：强迫轻罪犯们反思他们的行为，在某项活动后鼓励他们发言。

我决定组织学习课堂，召集六个年轻人补课，与正常的学校教育同步。我利用这个机会复制“魁北克经验”，每种异常行为、起哄或违反规定的企图都成为讨论和反思的目标，这就是“反思会”：为什么会出现某种违规、发泄或心理障碍行为？发生了什么事情？怎样避免这类行为？我越来越相信，这是改变被感化人员的一种恰当的教育方法：对待他们不仅要采取不同于一般学校、培训和工作中的做法，还要激励他们思考自己的生活。每次组织这种讨论时，我都发现这几个年轻人的过激情绪在减弱，行为在发生变化。在卡昂的亨利－吉贝（Henri–Guibé）感化中心，我继续着自己的做法。我负责的青少年犯人仿佛是一座无尽的宝库，激励我面对现实，而大学里学的东西太理论化了，总是让我脱离现实。

是不是总要给某一行为探寻某种意义？

法国的大学依然是象牙塔，我渐渐乐于选择那些让学生努力钻研、避免教师夸夸其谈的课程。在精神分析学的影响下，我们受到的教育是，现实并不是实际那样，要给任何行为探寻某种意义。轻度犯罪也摆脱不了这个准则：我们的首要义务是理解违法行为的原因，进行更加深入精微的考察。我在一些作业中多次维护的简单结论就是：“他们之所以犯罪，是因为他们想做什么就做什么！”就是这样！但是信奉弗洛伊德主义的教师们认为我的想法完全错误：一个人之所以违法犯罪，只是为了反抗童年遭受的各种“缺失”，无论是社会的还是情感的。

我主张自我发展与自我-他者关系之间的缺失的理论，“真理”的垄断者却逐渐代之以犯罪的所谓“真正原因”：自我的破坏性源于得不到爱，被忽视和被抛弃。

不仅心理系的很多学生受到这种解释的诱惑，我所工作的管教中心的大多数教育感化同事也同样如此。从此，任何对青少年反社会行为者的教育介入行为，都必须包括精神分析心理疗法在内，以修补童年的情感缺失。我主张通过集体生活和对他人的感知，实现纯粹自我的社会化。这个卑微的愿望被完全无视了！按照这个新的程式，期待中的“我们”将泉涌而出：如果自我获得安全感、稳定感和尊重，它自然会实现社会化，这一转变是合乎逻辑的，得到修复的自我会自己实现社会化。这不再是我所主张的“我+我=我们！”——在他人的参与中构建社会性，他人是其中的关键。他们主张自我的重构，认为是自我的重构产生了社会的自我，这个“我们”不需要任何学习过程，不需要任何成年人的真实介入。这正是一个重大改变：轻罪犯们用精神分析方法重新获得托词，而教育和学习行为则受到损害并被逐渐遗忘，因为这些行为被认为无关紧要。教育团队内部的争论成为常态。我周围大多数同事放弃了作为感化人员的职责，也没有借鉴魁北克心理感化人员的经验，很多人反而成为精神分析的新手。当时我即将完成学业，教育感化机构的同人无法理解，为什么一个即将取得心理学学位的人不支持这一任何行为都具有意义的理论，并借此帮助误入歧途的青少年。

因此，我们就青春期危机这个常见话题进行过几次争论。

一个同事对我说："青少年故意反抗我们，表现他们的存在感！"

我回答说："在家里和刚刚上学的时候就存在行为问题了……他们的生活是一连串的危机，不是青春期开始后才出问题的！"

我的推论在当时没有激起多少涟漪，拉康和多尔托是那时候整整一代人的思想导师。于是，我决定重读精神分析学派的经典著作，包括勒迈（Lemay）的《青春期精神病理学》（*Psychopathologie juvénile*）、雷德尔（Redl）和温曼（Winneman）的《挑衅型儿童》（*L'Enfant agressif*）等。这些作者声称，遭受痛苦的儿童需要在父母之外的环境中表现其存在性，他们的父母大多是有害于他们的——在这点上我多少是赞同的——但接下来是另一主张，在青春期通过否认权威来表现自己的各种独立诉求，青少年在反叛中觊觎成年人的生活。我到处听到类似说法：父母就是"仇敌"，社会仿佛是一场煎熬，只要放弃一切，就能最终发现真正的自我，摆脱一切桎梏。我告诉同事们，我没有经历过青春期危机。很多人信誓旦旦地说，我将来会出现心理问题。因为按照他们的逻辑，我压抑了自己的反叛期！

教育缺失理论

我关于导致轻度犯罪原因的理论，遭到激烈反对：轻度犯罪行为只是对自己遭受的情感和社会不公正的反抗，只需要弥补这两种缺失，轻度犯罪行为自然会消失。我努力论证自己的理论，轻罪犯有生以来遭受的教育缺失才是轻度犯罪的根源，没有人禁止、限制、驳斥和反对他，到处是放松警惕、进行“道德劝导”和建议的成年人，但他们没有采取任何行动，也证明不了什么。这些名不副实的指导者既不会据理力争，也时常在孩子们的生活中缺席，说到底是不值得信赖的，他们只不过耍嘴皮子，不喜欢行动。我一再试图说服辩论者们，这些年轻人的童年时代只缺少一种东西，他们从未遇见“良好的权威”，从未有突出而优秀的成年人来对他们进行教育，以身作则，耐心倾听他们，禁止他们胡作非为，改正他们的错误，甚至必要时对他们采取惩罚措施。这些成年人才是孩子和现实之间必不可少的媒介。

同时，我也怀疑，某些成瘾者也缺少成年人作为媒介，他们拒绝向榜样（和现实）低头，也与青少年轻罪犯有相同的经历——从小就为所欲为，不受限制。我仔细揣摩，“他们因为没得到教育才走向犯罪”这种观点在如今不受欢迎，是因为到20世纪70年代末，教育成为“阉割”的同义词。专制独裁和成年人的权威被严重混淆。不同范畴的两件事物被混为一谈，在我们的文化中根深蒂固，因为权威一直被怀疑有消灭个性之嫌。

20世纪80年代初，我不再理会单纯的“意义”之争，而是埋头于著书立说！心理学系的研究生考试题目给了我一个机会：“如何解释青春期危机？”我直切主题：按照我的观点，青春期危机只不过是成年人在儿童成长关键期的缺席而导致的结果，青春期危机其实暴露了成年人的危机。成年人不知道怎样扮演好自己作为成年人的角色，只能导致青少年陷入危机，因为成年人无法成为他的榜样、指引和模仿典范……让·德雷维翁（Jean Drévillon）是我的遗传心理学老师，当年他给我的分数在同届学生中是最高的，并写给我这样的评语：“新颖的观点，也可以说是……切中肯綮！”他通过了我的论文，还鼓励我继续思考。

我读过大量学者的著作，更坚定了我的信念。让·皮亚杰和更早的让-雅克·卢梭，还有社会学家埃米尔·涂尔干和他的“道德教育”论，都坚持同一基本论点：道德判断，即分辨善恶的能力，尤其是“感受他人”的能力以及同理心，并不是每个人与生俱来的天赋品质，而是要通过学习来获取。每个人具有的高于自我的机制，或成年人之于儿童及青少年，都应该施展其权威，超越宗教或意识形态，教给儿童认识“自己”面对的现实以及他人的真实存在这些道理。这就是指引性的成年人，无论他是父母、教育者还是监护人，都应教导未成年人这样的道理——随心所欲的愿望不一定都能实现。必须考虑现实，主动平衡我们的欲望和他人的存在之间的关系。这一学习过程绝不是风平浪静的，正是让·皮亚杰主张的必要适应，只有现实的逆境才能打破幼儿、少年甚至成年人的不受控制的欲望。但对我们当中的多数人而言，对现实的适应不是自然发生的，而是要努力和进行学习的，有时还要有所舍弃。或许只有性格比较焦虑的儿童才能较早关心他人的存在，因为他们平常很怕别人，也很在意别人对自己的关注。

如果不存在持续性的对他人的关注，自我就会放大，只为自己考虑，因此变得无所顾忌。过度膨胀的“自我”和不计代价的享乐欲，我在屡教不改的少年犯身上见识过，也总能够在那些从未“学会”克制自我进行必要社会交往的人身上发现。

就这样，在学习“心理疗法”专业的时候，我最终形成了结论：不受制约（即不考虑他人）的人将变得无法无天，逐渐丧失人性。几十年后，我重拾这一教育缺失导致自我中心主义人格发展的理论。正是卡昂的亨利－吉贝感化中心和蒙特利尔的鲍思高维尔机构的青少年们使我警觉到他们的个人法则：“想做什么就做什么！”

他们促使我不断演进这个发展阶段的理论，从“穿尿布的大王”或不受约束的童年到“遭遇危机的青少年”，最后成为粗鄙傲慢的成年人。儿童、青少年和成年人“一切为了自我”的行为，背离了人类所固有的必要社会化行为，即接受现实和学会更好地接纳现实带来的挫折。

在求学过程中，我时常受到别人的指责，说我把某些成年人的心理障碍和违法犯罪行为混为一谈。仍然是我无比尊敬的让·德雷维翁，也是我后来的论文指导老师，在我的心理学硕士论文答辩中理解了我所捍卫的理论。这篇论文引起答辩评审团的很多质疑，因为我竟敢把犯罪行为和人的无界限行为做比较。在论述中，作为反社会行为的解释，我既没有提到社会意义的苦难，也没有提到情感缺失，我所描述的不是一种特殊精神病理。我拿来和自己接触到的反社会青少年相比较的，是那些不懂得自我控制、完全听命于自己的享乐原则的人。

评审团的一位成员质问我："因此您认为，轻度罪犯……纳粹分子……或是无法控制自己本能的随便什么人，都是一回事？"我的研究生导师让·德雷维翁再次救了我一命，他一锤定音："所有的硕士论文都要带有一定启发性……我认为这篇论文就是这样！"

在这初次经验的促使下，我后来的博士论文所探讨的是在魁北克工作期间吸引我的一个主题：以鲍思高维尔的"反思会"为例，如果没有对自我行为的讨论和思考，成年人的介入和教育是没有意义的。对某一行为进行反思的必要以及思考和情绪之间的关系，构成促进改变的基石。我深信，某个生活事件会引发积极或消极的情绪，情绪立即与思考发生联系，而思考或对现实的解读则激发某种行为反应："我感受，我思考，我行动。”对应情绪而采取行动很困难，但是评估个人的思考，在我看来不仅至关重要，而且是每个人都能做到的。

几年后，我离开青少年轻罪犯管教机构，重返美国，我谈到自己的研究工作和未来的论文——“思考和情绪”的关系问题，一位心理学家直白地告诉我：“我们这里把它叫作认知疗法！有个很有名的美国心理学家艾伯特·埃利斯在50年代开创了这种疗法！”我重新找到了道路……不过这是一个很好的理由去见见认知行为疗法的创始人艾伯特·埃利斯。这次会见奠定了我此后的心理治疗师生涯。返回法国后，我决定开办自己的心理咨询诊所。

40多年后，我初心未改……“我想做什么就去做什么”的问题不仅属于犯罪者，也是涉及所有人的一个巨大争议——是否接受现实原则或生活必然带来的挫折。我们将看到，很不幸，某些人的现状不断证实我的“青年时期的理论”。说到底，我们是不是都有点儿犯罪倾向？

第五章

国王般的青少年

L'Ado roi

构建享乐主义

我与一位16岁青少年的父亲进行交流。他来咨询是想得到一些建议，在第一次见面时他就这样告诉我，他的儿子马夏尔刚刚升入普通高中一年级，在家中和学校表现出极具攻击性的行为。很快他就告诉我，他儿子与我书里描写的青少年不一样。我听他讲述，不时提问……马夏尔只按照自己的喜好做事，他不关心学业，只想跟朋友出门，放弃了以前的活动，不再经常运动，钢琴也有两年没弹了。他似乎对什么都不感兴趣，用父亲的话说，他“看破红尘”了。父母批评他，他甚至出言不逊，似乎每天都吸大麻。不过这位父亲告诉我，“当他想变乖的时候”，就成了最可爱的孩子，而且跟十岁的妹妹相处时，“不存在任何问题……”。

父亲：他妹妹很听话……（他叹口气）

心理医生：似乎你对此并不感到开心……

父亲：不，不，我当然感到开心，但她的性格不像马夏尔，我担心她以后受别人欺负……

心理医生：他们的性格毫无疑问是不一样的，妹妹更加内向，多少有点儿焦虑。

父亲：对，比较谨小慎微，我就是担心这个，在现在的社会，人要强大才行。

心理医生：顽皮大王的神话……

以存在欲为借口

我向马夏尔的父亲讲述了弗朗索瓦丝·多尔托在某次讲座中提到的顽皮大王的故事。如果孩子处处跟大人作对，那是因为他要表现自己，满足自己的存在欲。相反，乖孩子希望取悦父母，随时压抑自己的欲望，将来会成为精神分析的好素材。多尔托的观点很明确，反叛的孩子将变得稳重而坚强，乖孩子则会变得神经质且脆弱。我多次听到类似的担忧，父母们觉得若眼下他们的孩子太听话太没主见，恐怕将来长大后会出问题。虽然自我坚定的确必不可少，如此才能不受他人所累，促进自我表达和发展良好自尊，但是某种程度的腼腆和内向与什么精神病理并无任何关联，在儿童或青少年身上也不存在什么

“反抗和幸福”之间的等式。但是这种荒诞不经的说法却经久不衰，尤其是当这种说法出自不可动摇的儿童心理学偶像之口的时候。马夏尔的父亲从未信服我对幸福的儿童或青少年所下的定义：一个懂得发展自我并尊重他人的成长者，懂得实现自尊和感受他人之间的最佳平衡。

询问了有关马夏尔的其他一些日常事情之后，我仍然相信他完全在家里掌握了主导权，他唯一热衷的是自己的快乐，即使损害他人也在所不惜。父亲接着说：

父亲：我再重复一遍，他跟您描述的青少年不一样，他既不飞扬跋扈，也没违法犯罪！而且我们教育他妹妹也是用同样的方式，她就很能认同我们的家庭价值观……这或许可以证明马夏尔存在更加深层的问题，“心理”上的什么东西，或许可以解释他所有的异常举止。他可能遭受这种问题的折磨……别的儿童心理专家也是这么告诉我们的……

心理医生：马夏尔为自己的不正常行为和心理障碍感到痛苦，这是一定的。他可能是在现实面前不堪一击的“青春期国王”。这些孩子身上存在着这种悖论，我认为他们是无法忍受挫折的，他们表面上很坚强，但是面对一点点儿不愉快或困难，也就是说任何违逆他们意愿的现实，就难免会垮掉。我不至于称他们为不法分子……他犯过什么法吗？

父亲：没有。他在高中里曾经搞过很短一阵子的交易，但没什么严重的，后来没有继续……

心理医生：不过，他真的需要犯法才能维持生活吗？

父亲：您是什么意思？

心理医生：他肯定有饭吃，有衣穿，也有房住，或许需要一些零用钱？

父亲：跟他这个年龄的青少年一样，每个月有一些零花钱，但他不是被宠坏的孩子……

心理医生：您儿子不是违法犯罪的人，但是从您告诉我的事情来看，他存在某些不法分子的特征：严重的自我中心主义，同理心、自我-他人关系几乎完全欠缺。他有种“物化”他人的倾向，只为自己的享乐而麻烦别人：您开车送他去赴约会，成了他的出租车司机；您每个星期给他干净的衣物，成了他的洗衣工；您给他房子住，给他饭吃，成了他的住宿和膳食提供者；您每个星期给他零用钱，他把您看成金主。总而言之，他仿佛成了享受服务的国王……

父亲：给自己的孩子做这些事情不是应该的吗？

心理医生：如果存在一定的互利性，那就是应该的：平常帮忙做家务，施以尊重作为感激，别人给予的并不就是你应得的，努力适应学校的各项要求。

父亲：同意，有道理。但是您作为专业人士，忘记了一件事。

心理医生：…………

父亲：他16岁，正遭遇青春期危机！

我不想在这个话题上纠缠，这第二个问题，经典的“青春期危机”放在以后再说，我只是非常粗略地说“不是每个青少年都会陷入危机”。这位父亲坚持说：

父亲：您也是从青少年时期过来的，怀疑和苦恼都很正常。

心理医生：青春期确实不好过，生理上的骚动、初恋和伤感、对未来的不安、渴望自由却不想成为大人。

父亲：我儿子可能就是因为这些而感到痛苦，害怕长大成人？

心理医生：这种害怕心理确实存在，但您对马夏尔的日常描述更反映出作为父母的你们存在一种担心，害怕受到辱骂和威胁，因为您告诉我，他面对你们的要求显得咄咄逼人……他似乎对学校的纪律要求并没有表现得太焦虑，因为他什么反应也没有。至于他的感情生活，您告诉我，他挺受欢迎的，年纪轻轻就尝了禁果，而且没出什么问题，吃亏的是那些被他追到手的人……您还说过，他并不针对某种形式的权威，或质疑您的某种价值观，但是当成年人阻止他为所欲为时，他就大发雷霆。他完全是在追求不断的享乐，拒绝任何挫折，利用别人达到目的。

父亲：您确信他不存在某种缺失吗？

心理医生：缺失？

父亲：情感上？

心理医生：教育缺失更为确切。

父亲：这么说，责任全在我们这些父母身上！

弥补教育缺失

现在必须安抚马夏尔的父亲，从他的话来看，他受到了这种并不算经典的“心理诊断”的打击。我对他说，所谓“教育缺失”，并不是要怪罪和惩罚父母，只是引导他们对实际情况产生新的理解。你们的孩子、你们的青少年，可能会改变，但促成改变的绝不仅仅是针对青少年进行的心理治疗，我需要父母参与其中。我向马夏尔的父亲提议，与他们夫妻二人共同努力，弥补我从他的话语中发现的教育缺失。不能异想天开，我拥有一根魔法棒，可以从他儿子的潜意识中发现一切有害行为的“唯一”原因。我们要一起努力，轮番见面：与马夏尔谈话，对父母二人进行真正的为人父母的指导。我向马夏尔的父亲讲解这件事，他的理解是我们所有人要互相配合，共同努力。不过另一个问题浮出水面，他的妻子毫无疑问会来参与此指导，但他担心儿子不愿意来见我。

父亲：尤其是您不像他在青少年之家见到的人，他觉得那些人很和蔼可亲……怎么才能说服他来见您？

心理医生：很简单，强迫他来！告诉他，我等不及要会会他，因为我喜欢挑战BFB……

父亲：？

心理医生：BFB就是“Big fucking baby”（惯坏的大宝宝）！请告诉马夏尔，我的诊断已经出来了，他是个被惯坏的大宝贝，如果他有胆量，就放马过来。这种青少年喜欢挑战大人，特别是“心理医生”。

第二个星期，马夏尔准点到达，他父亲应该警告过他，我时间观念很强。作为16岁的孩子，他个子不算高，但是身姿笔挺，目光坚定深邃，他穿着运动服和拉链拉到脖子的夹克，头上紧紧地戴着一顶耐克帽子。我到等候室迎接他，然后一起走进办公室。

心理医生：你可以摘下帽子，已经在屋里了！

马夏尔：我父亲警告过我，您和别的心理医生不一样。

心理医生：别的心理医生什么样？

马夏尔（嘀咕道）：他们会试图弄明白我，不会提到我的帽子！

心理医生：在了解你之前，你应该把外套脱了，自如一点儿，房间里很热。

马夏尔（喊道）：不要忘了我是个青少年！

心理医生：那又怎样？啊，对了，你在青少年之家待过一段时间，那里怎么样？

马夏尔：棒极了……那里的大人很友好，很善解人意……

心理医生：什么人？很了解什么？

马夏尔：为什么我们受够了父母、学校和这糟糕的生活！

心理医生：这样的生活是你自己造成的！

我开始跟马夏尔细细分析。的确，生活不易，学习成绩可怜，跟父母冲突不断，体育活动早就放弃了，对未来没有任何计划，诸如此类。尽管他喜欢说“那又怎样”和“人人都是这样”，我还是建议他进行潜力测试，并告诉他：“如果你智力低下，我就能够回答人人都向我提出的问题：你为什么看起来‘了无生趣’？”

我给他进行的测试是福伊尔施泰因（R. Feuerstein）的LPAD——即“学习潜力评价体系”（Learning Potential Assessment Device）——的一套题目。与传统的智商测试不同，这套体系不是仅仅给出一些练习，最终把被测试者按照他所在的年龄人群的成绩来分类，而是可以评估被测试者在认知和情绪方面的行为状况。如果受测者做得正确，他运用的方法才是我所关心的；如果受测者做错了，我会分析他的反应。如果有人面对困难表现得十分焦虑，心理治疗师会向他提出如下问题：“这时你是怎么考虑的？”“为什么卡在这里？”“你害怕什么？”因此，有人因为愤怒或无法忍受挫折而拒绝进行某项测试，将使我们对受测者的个性了解增多。马夏尔就是如此，他遇到一丁点儿困难就发脾气，把测试卷推开，再评论一句“蠢透了”。

心理医生：这个记忆测试让你受不了，为什么？

马夏尔：不可能记住这么多单词，毫无用处……而且不管怎么说，我的记忆力向来不好！

心理医生：我知道，你脑子不好用！

马夏尔：我不是来找骂的……（他语带威胁，站了起来）

心理医生：你坐下。让我们把这次谈话进行到底，这是我与你父亲的约定。你跟我谈45分钟，然后你决定是否再来这里，我这方面也一样。如果你智力堪忧，我就不在你身上浪费时间了，你去找其他的友好的心理医生吧。

马夏尔坐下来仔细听着。我再次说起让他发脾气的记忆测试。我问他是用什么方法记忆36个单词的，他马上意识到，自己没有用任何方法，只是简单尝试记住我读出的所有单词。我告诉他，如果不用点儿方法，他只能记住五分之一的单词，耐心很快会耗尽。我推荐给他一种记忆法——把单词分类以便记忆。我让他牢记这个方法，按照LPAD体系的规定，我建议他在这次面诊的稍晚时候再次接受同一测试。重新认真听了一遍所有单词后，他在卷子上写满了草稿，把单词进行分类。运用这个新方法，他记住了十分之九的单词。我问他，为什么第二次测试时没有恼怒？

马夏尔：我用了你的窍门！

心理医生：是的，而且你很专心。你的分数很不错。你并不是智力低下，只是在学习的时候无所适从。你看，刚才的分数不大好，但这并不是你的真实水平。这正是我想跟大家一起努力的，让你挖掘出自己的真正潜力！

马夏尔听我说着。我简要谈了谈他对学习的抵触情绪，告诉他，成绩表明他缺乏应对能力，仅此而已，而且这一能力是可以提高的，前提是他要在这方面下功夫。他现在是高中一年级，据他自己说，此前一直都表现不错，老师们都觉得他很聪明，没有要求他注意学习方法或付出大量努力。

马夏尔：真的，此前我学习很顺利，就像在平地上骑自行车……仿佛原来我一直在荷兰，现在突然到了于埃兹[1]的阿尔卑斯山上！

马夏尔全明白了，高中之前的课程要求很低，对他挑战不大。所有人都认为他很聪明，他相信凭借自己的天赋，不用努力，成绩也会一直如意。他放弃音乐学习的时候也是一样的情况，他有音乐才华，但无法强迫自己日复一日地练习，于是别人就放任他不管了。体育方面也是，他很有运动天赋，但不想训练，也没人强迫他坚持下来，于是他借口“不喜欢了”就停

1 荷兰是平原低地国家，于埃兹（Huez）位于法国南部山区，因此用这样的比喻。——译者注

止了体育运动。

我们还有十分钟的谈话时间，我觉得信任已经建立，打算涉及其他敏感问题，尤其是家庭生活方面。我问他在家里做什么。他从来不给家人帮忙，就像住酒店一样……我强调这一点。

心理医生：你在自己家里什么也不做，整天对着屏幕，逃避学校的一切，有人阻止你做自己想做的事情，你就大发雷霆。你行动自由，喜欢的就做，不喜欢的就不做！你总是不满意。就是个BFB！

马夏尔：这又是什么玩意儿？

心理医生："Big fucking baby"，意思是"惯坏的大宝宝"。你活着就像个大宝宝，一切都是为了开心，结果就是生活中处处不满意。你常常不愉快，一旦不如你的意，你就一筹莫展，茫然无措……

马夏尔：但是我的生活就是要开心！我才不想跟班里的那些可怜虫一样呢！

心理医生：这件事以后再谈。你的幸福是可笑的幸福。你为所欲为，但其实什么都做不成。任何事情都不是你的本意……不管是大麻、电脑，还是朋友……这些只不过是你的奶瓶、游戏和安慰。我告诉过你，你是个被惯坏的大宝宝！我的工作是让你长大成人，我是来帮你的，但我们之间可没有什么甜蜜蜜！

学习接受现实

马夏尔开始认同我的话。真正的人际关系产生于这样一种关系，这种关系不是传统“心理学”简单定义的保持距离和善意的同理心。我继续解释：某些“遭遇危机的青少年”的确相信他们拥有真正的生活哲学——及时行乐——然而他们其实只是享受吸食大麻、纵饮狂欢和电子游戏之类带来的片刻欢愉。我的工作将是引导马夏尔转向更有意义的乐趣，也就是持续长远的享乐主义，而学业成功是其中不可分割的一部分。我告诉他，目前他认定享乐高于一切，逃避任何让人沮丧的事物。享乐与限制之间的失衡，使他面对生活的风雨、将来的规划和真正的自我构建时无比脆弱。他渐渐认识到这些。

在日常生活中重新纳入“苦恼”和“挫折”这两者，将引导他换一种方式领悟生活：增强对挫折的忍耐力，提高学习成绩，制订自己的规划，重建自尊。他将发现人生取决于自己而非现成的享乐。与给他父母的建议一样，我推荐他阅读我的早期作品《从小皇帝到小暴君》，促使我们一致认同诊断结果。

在这次面诊结束时，马夏尔接受了与父母的约定：每两星期至少来见我一次……第二次见面约在我方便的时间，而不是他希望的时间；他自然想把预约安排在学校有课的某个上午。这是行不通的，最后决定他在某个星期六的下午过来……

我把计划告诉马夏尔，他要完成很多行为任务，也就是在每次见面之间完成真正的练习。比如在学习方面，他要完成很多挑战：制订计划，强迫自己每天学习，不能把作业都拖到完成期限的前一天晚上，每天晚上修改他感觉做得不好的作业，每天学习几个英语不规则动词等。我希望，这些每天要完成的任务能让他找回学习的欲望，由于他对挫折无法忍受，学习的欲望已经完全消失了。他将会明白，只有接受生活中时而出现的“烦恼”，才能重新收获称心如意的生活。迫使自己每天以早已遗忘的节奏不间断地学习，他的成绩将会逐渐提高到自己应有的水平。慢慢重新开始运动，可以使他明白，促进内啡呔分泌能帮助他不再依赖大麻。钢琴似乎完全放弃了，但是他还说过，忘不了在消沉的时候，演奏带来的幸福。

通过培训式面诊和“指导性谈话”，我与他的父母要进行一番长期奋斗。一次次面谈后，马夏尔明白了，为什么我让他认真听听约翰尼·阿利代（Johnny Hallyday）演唱、戈尔德曼（Goldman）创作的歌曲。（马夏尔：这个歌手水平不怎么样，但歌词的确有点儿像在说我……）

在我还没想要之前，已经给我过多
我忘记梦想和“感谢”
所有这些都要付出代价
造成生活的渴望和需求
以及快乐
给我渴望！

渴望的渴望！

点燃我的生活！[1]

在接下来的几次会面中，我继续教给他接受挫折才能更好生活的必要规则。我给他分配了一些学习任务，建议他做一些要求较高的测试，通过角色扮演锻炼他自己。我还穿插会见他的父母，毕竟帮助马夏尔这件重任，不能交给一个安坐在一尘不染的诊所里的心理医生来独自完成。父母得到建议，一点点儿掌握日常生活中的主动权，以弥补这些所谓教育缺失。要求他经常帮家里干活儿，重新制定诸如上床时间、电脑游戏时间、学习节奏、卫生保健（恢复体育锻炼等）之类的生活规则。总之是一整套教育方法，因为马夏尔身上存在的不是“俄狄浦斯情结”之类的潜意识问题，不属于所谓“青春期危机”，而完全是他自己对生活享乐的不断追求和接纳现实之间的失衡。认知矫正的方法将有助于他接受学习过程中遇到的困难和苦恼，教给他学习方法，强迫他每天进行“让人沮丧的”学习安排，他将发现，逐步接受早先逃避的一切，会使他在较长的一个时期内取得好成绩，他的注意力将更加集中，记忆力将更加高效，学习也会感到更加愉快。他体验到我教给他的东西：暂时的愉悦是毫无建设性的，懂得把快乐延期，才能在更长的时期内创造自我满足。

---

1 约翰尼·阿利代：《帮派》（*Gang*）专辑，词曲作者是让-雅克·戈尔德曼（Jean-Jacques Goldman），宝丽金唱片公司1986年发行。

与马夏尔的“心理治疗关系”——如果不是“教育关系”——进一步增强之时，我将告诉他那些时常来找我咨询的国王一般为所欲为的成年人的故事。如果儿童以及随后的青少年时期无法无天的行为得不到制止，将会真正出现成年人的心理问题。

第六章

我的国王

Mon roi

如何接受挫折?

吕迪文娜：跟电影里一模一样！

心理医生：什么电影?

吕迪文娜：《我的国王》，麦温（Maïwenn）执导、文森特·卡索（Vincent Cassel）主演的电影。

心理医生：…………

吕迪文娜：三年前我跟他一起看了这部电影，真是可怕的激情。他帅气迷人，心情好的时候平易近人，但是大多数时候只顾着自己的想法。很幸运我们没有孩子。但是跟电影里的女主角一样，我离不开他，感觉自己不受控制。我看过一些书，他应该是个自恋的变态……

心理医生：为什么这样说?

吕迪文娜：他可以好到天上，也可以坏到极点，但是他会毁掉身边的人。然而我对这种人宽恕得过分。我很明白，这些自恋的变态如此行事作为，他们自己也备感痛苦。专家们说他们“缺乏安全感”。他们内心深处受过伤，那是童年的痛苦，所以才处处矛盾……不管是在爱情方面，还是像小孩一样地任性胡为……

心理医生：他小时候受过伤害？

吕迪文娜：他很小的时候，父母离婚了，他跟我说过很多次。

心理医生：他在感情上有缺失吗？是不是被无视甚至抛弃？养父母对他很坏吗？是不是受到过真正的感情创伤？

以童年不幸为借口

我继续询问，向吕迪文娜抛出一个又一个关于所谓童年不幸的问题。其实埃里克——这个自恋变态的男友，总是如此描述他的童年：父母离异造成的创伤，导致他的生活乱七八糟，学习不好，在青少年时期荒唐胡闹，沉迷各种成瘾物品，过早中断学业，在商界找到一份工作，他自称很擅长做销售员。奇怪的是，吕迪文娜向我讲述的是一个小皇帝的童年。父母离异时他的确才七岁，但是吕迪文娜从他的祖父母和母亲口中听说，在父母离婚前埃里克就不是乖孩子，从幼儿园起就经常惹麻烦，跟其他小朋友发生过很多冲突，与两个妹妹的关系也不好。从一年级起，他就不听老师的话。父母离婚后，母亲获得了三个孩子的监护权，她不太强硬，尽量为孩子弥补父亲缺位的遗憾，对孩子的教育很放任。吕迪文娜说："她只想与孩子们保持积极的关系。"两个妹妹脾气比较温和，不太缠人，脾气也不暴躁，能够适应母亲溺爱的教育，马马虎虎实现了自己的生活目标。埃里克的生活却不断出岔子，他初中时就逃课、留级，青春期之初就犯下一些不轨行为。周末在父亲家里就像"度假"一样，四处游玩，不管做什么也没有人批评一句。到他青春期时，父亲允许他带女朋友们来家里，他很自豪看到儿子跟他一样成为"超级迷人的帅哥"！他父亲后来混得不错，经营着一家利润丰厚的进出口贸易公司。父亲是自学成才，埃里克也很快明白，学校不一定是人生成功的必经之路。吕迪文娜最后总结埃里克的生活。

吕迪文娜：他在生活中总是随心所欲，而且几乎都能称心如意——女孩儿们、朋友们、工作，还有他擅长的各种运动。

心理医生：他有没有一直坚持的活动？还是经常"兴趣跳跃"，就是说"打一年网球就没兴趣了，再打一年羽毛球，然后再跳到其他更感兴趣的活动上"，如果不能产生满足感就不再做了？

吕迪文娜：一点儿没错。他玩过很多运动项目，但很快就玩够了，需要不断追求新鲜。和我在一起也一样……出轨不断。他总是又回到我身边，给我许诺星星月亮，于是我俩重归于好……直到后来几天又是夜不归家。他总是借口说晚上酒喝多了，不得不留宿在朋友家里……可我也不是傻瓜。

心理医生：他酒精成瘾吗？嗑药吗？

吕迪文娜：我绝对不会跟一个酒鬼或大烟鬼一起生活！不过他确实晚上一喝酒就停不下来。他工作没有长性，自称这份工作开始“吞噬”他了……（在两人共同生活的两年里，这已是他的第三份销售员工作了。）他忍不住出轨……他不肯跟我交流，说是“让他觉得很累”。他一玩电子游戏就是几个小时。他不肯帮忙做家务，也不愿意要孩子。总而言之，我觉得家里养了个大孩子……

心理医生：说到重点了！埃里克不是童年遭受虐待的自恋变态，反而像我在书里讲过的国王般的成年人——一个不成熟的成年人，对于享乐，想到就要得到，但是忍受不了一点儿挫折。驾驭一切的，是一个超大号的自我！

吕迪文娜：这就是我觉得他变态的地方。他只说他自己，把自己优先于一切，谁的话也不听，邀请朋友来做客的时候，完全是他一个人在表演。而我呢，我觉得自己只是他的仆人，负责夸赞他帅气迷人。我就是不存在的……

国王般的成年人

我告诉吕迪文娜，“国王般的成年人”到底是什么意思：不断追求暂时的快乐，不成熟，夸张的自我中心主义，还有对别人的物化，把别人仅仅视为服务于自己的利益和快乐的手段。在他眼里，吕迪文娜只是一件满足自己心意的物品，她整理打扫房间，负责采购生活用品，屈从于他的任性，满足他爱的索求。用她自己的话来说，她在他面前是透明的。她试图说服我，他也有好的方面，会策划“浪漫”的出行，他是个很棒的情人，但是当我问她“他为您做过什么”的时候，她沉默了。因为他从来没有为她做过什么，一切都是从他自己的兴致出发。当她谈到自己的感受、疑惑和痛苦时，他没有表现出一丁点儿同理心。

吕迪文娜：爱情就是愉悦对方，不是吗？

心理医生：没错，互利性其实是真正爱情的美好结果，但是埃里克在目前的状况下，是不具有爱的移情能力的；他只是有需求才去爱，非常不成熟，非常自私。这是情感的一种病态心理。如果不加干预，他会变成“暴君”，就像所有国王般的成年人一样。

吕迪文娜：暴君！您可能夸张了。

心理医生：如果您胆敢质疑他，他会暴怒，口出辱骂，甚至有威胁性动作。国王般的成年人很迷人，但也让人很害怕。

吕迪文娜：我是感到害怕，有几个晚上，我说了他几句。我怕他会打我。

心理医生：国王般的成年人倒向暴虐趋势的时候，往往表现得很暴力。

我知道这番话打动了吕迪文娜，她泪眼婆娑……

吕迪文娜：那就没办法了吗？我该怎么办？我是来请求您的帮助的。

心理医生：迷恋伴侣的性格，对您毫无帮助。我会尽一切可能给您建议，让埃里克接受改变，但如果事情没有进展，我只能协助您跟他分手……

我建议吕迪文娜，请埃里克来与我见面。她咬定他绝不会来，我请她一定要态度坚决，不惜要挟他："如果你不去看心理医生，我就跟你分手……"通常这个办法很奏效！当然，理想中的"心理医生"不屑于这种手段，而是需要病人的完全主动或所谓"需求"，但是对付这种国王般的成年人，我采取了对付小皇帝或国王般的青少年的策略："你别无选择，去看心理医生吧！"接下来，就看我的了……

埃里克接受了这个"可笑的家伙"的见面要求，这话是吕迪文娜转告我的。某个星期六上午，他来到我的诊所，迟到了十分钟……

心理医生：上午好！迟到了一会儿是吧？来看心理医

生，对你来说真是件非常可笑的事啊！（他就座了）

埃里克：不，不，是我的女友吕迪文娜，她来见过您……我想拯救我们俩的关系，您要帮助我。久仰大名，您是个很厉害的专家！

埃里克说，他在谷歌上搜过我的信息，知道我名气很大。我听完他的吹捧，便就他的日常生活发问了，这些问题和内容都会让人如坐针毡。我提到他和女友两人的现状，也探究了他与同事的关系。很快，我得到这样的回答："一切都好，有不少麻烦事，但都没什么大不了的……"

心理医生：这么说，你们一切都好！那么跟吕迪文娜的关系也没有任何问题吗？

埃里克：当然……有一些小状况，但是她夸大其词了，我们之间绝没到水火不容的地步……

心理医生：但是吕迪文娜很有可能会跟您分手……

我更加直言不讳，火药味也更浓。作为心理医生，我知道埃里克拒绝承认事实，因为他有一种自觉不自觉的防御抵触心理。按照心理学的教导，最好等待时机，帮助患者逐渐意识到困难，因为维护心理治疗关系始终是最重要的。总之，同理心应居于优先地位，不建议心理治疗师采取任何坚决态度，肯定的口吻可能致使二人关系失衡，交流变得令人不快，甚至造成冲突。在对待遭受心理问题的患者时，我非常尊重这一理性原则，因为患者的自尊心可能已被心理问题削弱或摧毁，但是我不会用同样的态度来对付国王般的成年人。就像对待国王般的青少年一样，我很快建立了一种“支配型”关系。没错，我会说一些惹人发火的话，也会指摘他们的日常生活和生活方式。对待国王般的成年人，我会马上攻击他们的防御机制。他们的“恶意信念”，更文绉绉的说法是“外部控制点”[1]，也可以简单理解为“永远是别人和外部的错误”。他们经常企图减弱自己应该受到的非难，却总有办法把责任推给别人。埃里克之所以发火，是因为吕迪文娜在他精疲力竭下班回家的时候惹毛了他。他跟同事冲突不断，是因为某个人干活儿太慢，另一个人则太“愚蠢”。提到别人无端指责他的各种行为，他怒冲冲地马上谈起“心理学”。

埃里克：您又不是我的父亲！我早知道，吕迪文娜把我推到陷阱里了！她没告诉您，我有个该死的童年……吕迪文娜可不是您想的那样，在我们两人的关系里，她也有责任！

心理医生：我知道，您只是个受害者！您受到命运的摆布。若是您反应失当，脾气失控，那是因为，正如您从其他心理医生那里听到的，童年的创伤还没有愈合。工作的时候，您需要一份资料来完成一笔交易，但是秘书什么都不明白，这时候发火是跟您的童年经历有关！您在城里

1　根据控制点（Locus of Control）理论，个体对控制其行为结果的力量源泉，存在不同的认识，外部控制点是认为控制源来自外部。——译者注

开车的时候，就像您说的，总有一个“蠢货”在前面挡着您的车，显然是在揭起您过去的疮疤！当您回到家里，经过一天紧张的工作，就是吕迪文娜在烦您，而不是安慰您。您只是受害者！

埃里克：您在嘲笑我？

心理医生：不是，我只是表达您的思考方式，任何事情都使您陷入灾难，走向失败。吕迪文娜将离开您，您再次辞职，不断为生活中的各种不顺利而发火！埃里克，证明给我看看，每天进行的这些战争让您觉得很幸福。

埃里克：…………

这场唇枪舌剑使得事情向前推进，我们不再虚与委蛇，而是建立了真诚的关系。接下来的每次会面，埃里克从未爽约。在这些会面过程中，我们一起研究了引发事端的每个小事件和惹起情绪爆发的每次不顺心——从早餐的咖啡太烫到电脑死机。把所有事情都梳理一遍后，埃里克发现了对挫折无法忍耐的心理问题究竟是怎么回事了，只要现实违背了他的计划、意愿和一时之兴，照他的话说，就是“一下子失控了”。他明白了，吕迪文娜也可能代表他生活中的某种逆境，那就是她不遵从他的操纵之时。结论已经有了，接下来要开始打破埃里克对挫折的无力忍耐。

埃里克：该怎么改正呢？我觉得我永远也改不了。无法忍耐挫折，是不是很罕见的精神状况？

心理医生：长话短说，我认为这是任何人都存在的问题！

埃里克：您在安慰我，我觉得您真是个大好人！

心理医生：一切都是一个平衡性的问题。我会向您解释什么是“挫折法则”！

挫折法则

我对“挫折法则”的定义如下：既然无法禁止对暂时享乐的渴望和体验，我就向他展现只顾短暂时刻的享乐主义有多危险。他承认，每次按照“欲望”行事而受到现实的阻遏时，自己就被愤怒的情绪所淹没。我建议他对这种短暂的欲望进行考察。当他做出孩子气的事情时，究竟获得怎样的满足？

埃里克：您想说什么？给我举个孩子气想法的例子，就像您说的……

心理医生：当您因为玩电子游戏或看电视剧而不想跟吕迪文娜说话的时候……您对她说“等会儿再说”，于是……

埃里克：她就甩脸子给我。

心理医生：就像您说的，当您一时兴起，于是缠着她亲热的时候。

埃里克：大多数时候我是自讨没趣。

我们继续列举即兴要求的结果：发生积极结果的情况少之又少，就算埃里克短时间得到了他想要的东西，也只会产生烦恼、冲突和更大的沮丧。埃里克渐渐领悟，把暂时的享乐推迟，能带给他更多的满足感。他领悟到长时间的享乐主义，如把饮酒推迟以免遭受难过的“恢复清醒期”；避免在工作中对别人进行尖刻的评价，与同事重建良好关系；强迫自己与吕迪文娜分享某些生活，缓和情侣间的关系等。对埃里克来说，最关键的是彻底明白，他不能对别人视而不见，否则就会如同我一再向他重复的，可能失去女友、被同事孤立或者因为频繁发怒而发作心血管病。几次会面后，我们触及另一个重要问题，也是每个无法忍耐挫折的人都存在的问题，他的行为举止就好像世界上只有他一个人存在，因为对他人的感知和同理心都不是他所擅长的。

心理医生：对于把别人视为无物，您是怎么想的？

埃里克：我不是这样，我有朋友，我不是隐士！

心理医生：我说的是那种粗鲁行为，在火车上大声打电话……

埃里克：人人都这样啊！

不可否认，我们每个人在日常生活中，多多少少都会有些粗鲁的举止。但是埃里克没有明白，以自我为中心的生活方式与偶发性的行为举止之间存在很大区别。如果做了不文明的事情，我们通常会感到羞愧，因为我们知道自己一定冒犯到他人。但是埃里克完全没有这种感觉，因为同理心对他来说是完全陌生的。

自我可能倾向于尽快忘记碍事的他人的存在，只有焦虑型人群除外，对这种类型的人来说，他人决定着他们的快乐与苦恼。我们须保持警惕，不要自闭于“我想做什么就做什么”的态度之中，否则可能导致我们的孤立和迷失。适宜而必要的独自行为的确是存在的，但是我们要避免陷入过度的个人主义。要做到这一点，在日常生活中付出社交努力，从街坊到自家，是非常必要的。我们每个人都可以反省自身：“我能做什么，才不会沦为自私本能的奴隶？”

埃里克开窍了，我很高兴他能说出这样的话：“我不想当一个‘纳粹’，就像您说的……”最初几次面对面的诊疗后，我向他提出第二个约定：与吕迪文娜一起来，开始两人一起的治疗。这些心理治疗困难重重，这个国王般的成年人也免不了有几次故态复萌，但是多亏吕迪文娜的默契配合，她已经成了真正的“再教育者”、一个家庭辅助心理治疗师。我渐渐看到，埃里克变得更有人情味儿、更富有同理心，他慢慢接受别人的质疑，怒火也变弱了，不像以前那么猛烈和频繁发作了。吕迪文娜努力扮演这个本不想承担的新角色——改造她孩子气的男友。她很快看到了成效，虽然仍然要时常提醒他。埃里克分担了一些家务。对于每一个进步，吕迪文娜都会“积极鼓励”——夸赞的话语、意料之外的惊喜晚餐、主动示爱。埃里克不再拒绝跟她交流，还会总结取得的进步和面临的新挑战。在业余活动方面，他们达成了新的约定：可以有自由的时间出去会朋友，但是要提前商定情侣二人共同的娱乐活动。埃里克慢慢意识到，尽管一开始他根本不想照吕迪文娜的要求去做，但是他的确需要这种指导性的情侣关系。他明白自己需要限制，因而努力完成了此前没有走完的成长过程，变得成熟起来。埃里克一点点儿学会，用接受现实以及“挫折”，来平衡原来习惯的“随心所欲”的生活意志。如果没有这种深度的质疑，就很有可能无法阻止自我的无法无天，它无视现实且积极回应自身欲望的要求。这就是我们将在下一章探讨的：对一切烦恼和挫折的拒绝，是如何让人失去人性的？即从国王般的成年人到暴君般的成年人。

第七章

瞧，这个人[1]

Ecce homo

1 “瞧，这个人”（“*Ecce homo*”）出自《圣经》，为彼拉多（Ponce Pilate）讽刺耶稣的话，后被尼采用作书名。——译者注

自我的伟大和苦难

小皇帝将不可救药地变成国王般的成年人，而国王般的成年人将变成暴君般的成年人……真正的心理疗法要打破所有这些决定论。无论心理障碍或行为障碍的原因是什么，我都相信看似无法避免的事情是能够改变的。我打算在几个超级自我的患者身上验证这一理论。为此，我必须调查他们童年时期是否真的存在教育缺失，以及在青春期这种教育缺失是否比潜在的情感缺失更加严重。这些总是强调“我、我、我”的人，是否在生活中遇到过反对和阻止，他们的自我受到制约，还是得到完全的放任发展，从未经历任何形式的阻碍？我与L先生，一位40岁左右的著名艺术家，一起探究这些问题。当然，有人可能发出异议，艺术家的特质与我所假设的过度自我之间存在某种重叠，但并非所有艺术家都表现出浮夸矫饰或各种放纵行为。事实远非如此。

L先生通过电子邮件请求与我见面，邮件结尾这样说："您能理解，出于我的小小名声，我们的会面必须严守秘密。我要求，在您的心理专著里面绝对不能出现我的名字，我只想与您分享一些我的生活，毫无疑问，还为了确保我的前程。"他的要求虽然闪烁其词，但我从这封邮件中感受到他的坚定甚至支配性格，折射出他的强烈自我。我们约好了第一次会面的时间。

初次谈话印证了我的分析：L先生完全是一个超级自我的人，甚至不是"著名"艺术家的身份所能掩盖的。他的烦恼其实说不清楚，但是我同意继续进行不设立真正目标的会面，我们可以边聊边看！

表面上看来，他拥有一切：年纪不算大，才华横溢，在物质方面显然没有什么值得发愁的！虽然仍是独身，但是感情生活并不空虚，他自称是个很有魅力的人！他不乏拥趸，很少感到孤单，然而他认为这是自己唯一的脆弱之处，有时候感到太孤独了。他并不觉得自己是个抑郁的人，很想弄明白这种孤独感是怎么回事。

随着我们的一次次会面，L先生无所不谈，却不着边际，多是他自己的创作和成功、在媒体圈认识的名人以及他与名流们的交往。我问他，为什么不去他经常待着的首都求助于某个"著名"心理医生？他反驳说："您也是小有名气嘛！"他是否被我的这点儿“名气”吸引而来？毕竟我是个出名的喜欢多管闲事、活跃又顽固、有时候喜爱争辩又好斗的心理医生。后面我会知道的。因此，接下来的面诊中，这个“小有名气”的心理医生被允许询问他的童年往事。他告诉我，这个话题他完全理解。

L先生：我告诉过您，不要装作弗洛伊德老爹的样子！我拥有典型的艺术家的童年——各种缺失，还有很早就有做创作家的想法。我很小的时候就开始写歌了。

心理医生：什么缺失？

L先生：您知道的，虽然我是独生子，但是母亲很疏远我。她不太着家，因为生意的原因总是出差。回到家里，我要自己做事，做家庭作业、吃饭、洗澡……

心理医生：您父亲呢？

L先生：他是个市政府雇员，在我母亲不在的时候负责一切。他很温柔，跟我很亲近。他总是跟我讲话，教育我，指给我看花园里的各种东西。就像您说的，他是个真正的教育者，而且饱含爱心。

心理医生：他自己也受过很好的教育吗？

L先生：没有，他受的教育不如我母亲，所以才在市里的某个办公室里做抄写员。

心理医生：如果我没理解错，您缺少母爱，但是拥有父爱！

L先生：您觉得这样就够了？

或许不够。不过，随着我们谈话的深入，L先生证实了我的想法。他的母亲是缺席的，对他很疏远，既不够亲热，也缺乏存在感，但绝不是恶母。他没有遭到虐待或刁难，只是母爱少得可怜。父亲却付出很多，把儿子视为独一无二的珍品，当成成年人来对话，会就某些事情向儿子建议和分享与儿子年纪不相符的观点或看法。总之，L先生的父亲把他奉若珍宝，望子成龙。L先生的确早慧，在小学就跳级。他母亲说，他拥有这份潜力十分幸运，父亲则强调他的"天资"："儿子，你比寻常人聪明，一定会成为一个人物！"

他周围的人都是同样的口吻，只有母亲并不着迷于他的虽然聪明绝顶但也极难相处的气质，因为他总是提出问题和要求，经常感到不满。接近他的人都对他存有相似的印象：L先生与众不同，才能不凡，聪颖早慧，人们听闻他早年的作品，都承认他是天才。我继续提问。

心理医生：回想童年和青少年时期，你觉得自己有没有受到很多禁止或限制？

L先生：没有。父母的很多朋友都会邀请我，听我的歌曲。上小学和中学的时候也很如意，因为我跳了两级，老师们都很宠爱我。

心理医生：没有冲突记忆或不愉快的经历吗？

L先生：没有。我的童年和青少年时期过得很愉快，所以我才能有今天的成就！我告诉过您，唯一的不愉快的记忆是一个不太有母性的母亲……

小皇帝的命运

缺乏抚爱的L先生，记不起童年时遇到过任何严重的教育挫折，只记得他所描述的“坏妈妈”。不过，在听他讲述时，我并不完全认同他对生活的总体看法，我觉得主要不是感情上的缺失，而完全是大体上非常愉快的现实经历，他得到了过度保护、过度激励、过度评价和过度推崇。L先生是典型的渐渐变得像“国王”一样的儿童和青少年，因为现实世界只向他们折射他们的才华、崇高甚至美丽，就像纳西斯（Narcisse）一样。L先生继续跟我谈论他自己，恰如他向我哼唱的让娜·莫罗（Jeanne Moreau）的歌词：“和我谈谈我自己，我只对我自己感兴趣！”

我们的谈话内容很丰富，我承认自己很享受这种放松，因为在通常的面诊中患者的病状使我没有时间从容讨论。L先生来求医，是为了聊聊他自己、他的生活和热爱。他真是天才！不过在一次谈话中，我用一种新方式欢迎这位天才，决定动摇他的“傲慢”自我。

心理医生：瞧，这个人（Ecce homo）！

L先生：您在嘲笑我！

为什么要说这句“瞧，这个人”？在我们最后一次谈话中，我们讨论了尼采著名的最后一部著作[1]。这天，我的欢迎词让L先生感到困惑，他不习惯听到别人对他出言讽刺。

L先生：您还是把我当成国王般的成年人！“瞧，这个人！”我不允许把我与耶稣或尼采相比！

心理医生：我向您抛出“瞧，这个人”这句话，是因为上次您决定探讨和质疑，何乐而不为呢？自己身上的某些问题……

L先生：跟尼采的书有关系？我常跟您说，他身上显现的强大意志力让我着迷，我觉得这是完全展现自我的“存在”所必不可少的！

心理医生：我也看到了不受制约的力量，这正是我想跟您谈的。

L先生：意思是……

心理医生：《瞧，这个人》这本书让人感到不安。

自我和对他人的感知

我提到尼采说的堕落情绪——同理心和怜悯心。尼采自称其工作“服务于利己主义和个人纪律”。这正是人类的艰巨困

1　指尼采的遗著《瞧，这个人——人如何成其所是》。——译者注

难，如何充分发展自我、享受自我和“命运之爱”（amor fati），同时促进对他人的感知和对人类的归属感的发展。读到作者拒绝我所珍视的价值观，我感到无法认同，我把这一保留意见告诉L先生：绝对不能拒绝同理心和怜悯心。我问他，究竟有多认同这种不惜牺牲他人来发扬自我的信念？

心理医生：您的生存方式是否过于尼采哲学化了？

L先生：意思是过于自我中心主义？是的，有人曾经这样批评我！但首先为自己而活，这不是每个人的生活方式吗？

心理医生：或许吧……但我还是要问您，这种生活方式让您感到幸福吗？

L先生：成功让我称心如意，我可以说非常幸福！

心理医生：不过呢……

L先生：没错，深感孤独的时刻……不过这种时候很少！

心理医生：一个孤单而幸福的人，有时候备感孤独，或许是必要的代价吧？

我对L先生进行质询。我的任务不是无中生有，而是考察任何可能存在的问题。形影相吊的生活，在我看来，是缓缓地滑向精神痛苦。我从未见过幸福的孤独者，因为我从未见到过真正的隐士！我坦言对他当下的幸福感到疑惑，尤其担心未来，我比他的看法更加悲观。

心理医生：我不像您那样肯定，而是认为只靠自己强大意志而活的人迟早要消沉下去。

L先生：因为……

心理医生：因为人不能在没有反对、阻碍、冲突或任何限制的环境下生存。在您的生活中，我看不到任何对您的生活方式的约束，没有任何事情让您感到失衡，逼迫您找到界限或促使您变得温情脉脉。

L先生：我才不是自恋的变态呢，好吧！而且我也看过这本书！

心理医生：不是变态，您不会故意伤害他人，用最简单的话来说，您可能没有同理心！

他的语气更加不客气了！“我没有同理心？”他叫起来，并列举了自己对别人做过的好事：经常邀请别人做客、答应别人的请求、送给别人礼物等。我只是问他：

心理医生：跟我谈谈您怎么跟女友们分手吧。我不拐弯抹角了，您很清楚您的前女友也来找过我，您就是在她的建议下来见我的。

L先生：我知道，她那时候心情很糟糕，不过您要明白，一个巴掌拍不响！

心理医生：您欺骗了她？共同生活了多年，她做了什么坏事以致在一夕之间被抛弃？您不仅在分手的时候没给她一个像样的理由，还指责她平庸、老态、缠着您不放，这些弄得她情绪崩溃……

L先生：我们早就有约在先，如果某天我们两人中的一人感到不再自由，可以随时中断关系！

心理医生：你们的约定！她爱着您，您离开她，却没有任何理由，太狠心了！您每天早晨照镜子，能不想到她，能没有一丝愧疚吗？

L先生（大怒）：我每天早上都照镜子，一点儿问题也没有！

心理医生：别人对您做同样的事，您高兴吗？

L先生：可是我的生活每次我都能自己做主，不会被动受屈！

这个理由是必定要提到的。“为所欲为”的伪道德支配着他的生活，就像卡于扎克、菲永[1]等大人物一样。我提到这些名字，仍然试图打破他对别人的否定，他的自我中心主义一点点儿建立起来，总有一天会垮掉。我再次表达了担忧，为了自己的利益而与别人断绝关系，只能带来短暂的幸福，我很担心他。我又一次谈到他曾经自夸的对女性的征服，他从未觉察，有些女人可能陷入疯狂的爱情中，注定要备受痛苦折磨。他的回答仍然没有新意：“我不是法西斯，她们是自由而且自愿的！”再次摆出成年人之间自由商定的“契约”作为理由。我

1 法国前预算部长卡于扎克（Jérôme Cahuzac）和前总理菲永（François Fillon），均因涉嫌腐败被调查。——译者注

无法相信，他的非凡的魅力、才华以及个性，会有助于这份由他独自决定条款的契约保持严格平等。我所秉持的观点，也就是他口中的“伪善道德”——既然他是个笃定的尼采信徒——让他越来越恼火。

L先生：您是不是有点儿“快感无能”？我听说过，如果一个人总是谈论挫折或者挫折导致的问题，难道不是说明他自己备受这个问题的折磨吗？

心理医生：我知道这种争论，只能如此回应：我看起来像在性爱方面受挫吗？这种短暂的挫折？我重复一遍，我不想评判您，只想看看您存在什么障碍，并在较长一段时间内导致您在生活中变得自私自利、无情无义。

我再次谈起他处理人情来往、公众关系、感情生活的方式，只能看到他对别人的物化，只为了自己的快乐而与别人来往。因为身边围绕着各种马屁精和迷恋者，他就不停地切断任何想得到对等待遇的关系——主要是引发冲突的关系。我告诉他，圈内人对他的一些批评——他的创作越来越极端和边缘化，充满挑衅。他对待自己的创作简直就是一言堂，不允许任何人反对和修改。

心理医生：您从不迟疑，总是一锤定音，粉碎任何企图发表不同意见的人。

L先生：一点儿不错，我承认！

心理医生：这不太好！我再说一次，失去制衡，没有别人的意见和争论，您可能会把自己孤立起来。我对幸福的理解不是这样。

总能找到理由，这也是一种快乐！既然L先生看不到自己行为的危险之处，我就提醒他，他曾经告诉我的一些困难——贪杯和贪食。他身材不胖，但是几年后就不好说了。不过在喝酒方面，虽然声称反对一切麻醉品，但他开始变得真正“依赖”酒精了。我警告他成瘾的可能性，因为在我看来他的情况比较危险。他罕见地认真听我说完，才在这次谈话结束时说：

L先生：我不是来忏悔，也不是来寻找救赎的！而且您有什么资格这样说？

我白白浪费口舌，再次告诉他，这些苏格拉底式的“辩论”，对心理治疗是必不可少的，他没看到其中的好处。在多次面诊中，我一言不发，他一个人滔滔不绝，显然想凭借自己的自如和机敏让我倾倒。这天，我不再受他的迷惑，准备探讨一番，于是碰上了一堵墙。

他打开手机，看了几条信息，然后冲我嚷道：“我明天上午要上电台，不能睡太迟！”怪不得有人说他“狂妄自大”“自命不凡”[1]。他们领悟到，自我的过度膨胀会使人坠入危险的虚妄之中，远离人情和自我封闭。这说明，在研究人的个性时，俗语往往显出真知灼见！

---

1 原文为法语中的俗语，melon（甜瓜）和grosse tête（大脑袋），也表示一个人的自命不凡，因此后文提及俗语的用途。——译者注

L先生自这次会面后从未现身。我把他弄丢了！或许他有一天会回来？我很怀疑，但是我依然坚信人的可塑性和改正能力！

这个例子不算是典型的精神病理学分类中的边缘型人格障碍。在我们生活的某一刻，享乐欲望和日常的沮丧现实之间的失衡感，并不会导致我们犯下罪责，变得“不可一世”或“妄自尊大”。这种失衡感可能是产生小小的离经叛道行为的根源，这些行为警醒我们，执着于不断获得满足感的不理智期待，可能会把我们推向更严重的挫折。因此，过于理想化的情侣生活，可能会在两人存在巨大差距的现实打击下粉身碎骨。同理，不懂得知足常乐道理的人，可能对生活乐趣的感受更加淡薄。L先生恰好没有明白这个道理，他觉得如果一切不变，如果没有任何事情影响他随心所欲生活的愿望，那一切就都没有问题。既然享乐就是一切，那么寻求心理治疗也可以成为一种新的乐趣：夸夸其谈、自我炫耀、指点江山、搞明白自己的过往经历，但绝不能与拒绝他的迷惑、提出异议、要求他质疑自己的人进行不愉快的会面。这种性格的人往往很快要在心理治疗中寻找暂时的快乐，我的工作方式不适合他们。

我并不把心理诊所看作某种安乐窝。它应是一个对人进行探讨的地方，可惜我的见解常常很难得到“无法接受挫折”的患者的认同。

我未能建立与L先生之间的心理治疗关系，对他来说，在他的无限权力控制一切的生活中，我肯定只是其中的一粒沙子。我感觉他是在盛怒之下放弃了心理咨询，因为，我在某些时候成为他的地狱。当他人的存在感过强，有些性格的人感到无法承受，这就是下一章将要探讨的："他人即地狱！"

第八章

他人即地狱

L'enfer, c'est les autres

接受与忍耐的锻炼方法一样

36岁的玛加利是一位家庭护士。她因为经常发脾气的问题来找我咨询，她对自己开车时的反应非常恐惧：“开车的时候，我完全变了一个人……我让自己感到害怕！”皮埃尔是一位40岁左右的技术销售，他深知自己与同事经常发生口角，希望“缓和自己的脾气”。而50岁的阿希尔，他从事的人力资源助理工作没有让他变得冷静克制，“讨厌家庭”的态度很可能让他付出沉重代价，妻子以离婚来威胁他，他与两个大孩子的关系也不和。

经过几次个人心理咨询后，我建议三人来参加针对情绪控制问题的小组治疗，一开始我被他们一致拒绝。阿希尔说：“我是来探究一些问题的，但您知道，对我来说，他人即地狱！所以，在您的诊所里见到其他患者……”不过，向他们说明这种小组治疗会给他们检验成果的机会后，三个人逐渐对这个计划感兴趣了。究竟是他们能够“理性思考”易怒性格，还是别人的问题会增强他们对于他人即潜在敌人的想法？最终，我们一致同意每月进行一次小组治疗。那天恰好是第四次会面，玛加利未到，只有三个人出席了接下来两个小时的交流会。十多分钟后，门铃响起，有人敲办公室的门，玛加利进来了。

玛加利：对不起……我好不容易才找到车位。

阿希尔：迟到了，你这个喜欢教训人的女人！

玛加利：你瞧，阿希尔，你总是这么刻薄！我们不是都知道，不可能事事顺遂？你没明白吗？！你肯定要在这时候唠叨的“你要像我们一样准点到”这种话，是一个不合理要求？

阿希尔：又来了，好为人师的女人……不过这种“听我怎么说，不要看我怎么做”的态度真是让我烦透了！

心理医生：别吵了！一分钟反思时间！

学习如何学习

我的方法来自以色列著名心理学家福伊尔施泰因，他是让·皮亚杰的弟子，曾经教授我们控制精神冲动的方法。20

世纪80年代，我在他设于耶路撒冷的哈达萨研究所（Institut Hadassah Wisoh）学习“认知矫正法”（remédiation cognitive）。福伊尔施泰因认为，人类的悲剧在于思考过程太快，在分析、回应或解决问题之前，无法充分把握某一信息的“恰当标准”。他的“学习如何学习”的方法，协助将经过修正的信息输入或捕捉，使思考建立在全部数据之上，而不仅是对我们显得重要的信息的基础上，因而更具客观性。我很快明白，过快的、近乎不由自主的思维，是由情绪发动的。在一个“情绪化”的场景中，我们很可能启动不由自主的思维活动。因此，我们不再思考而是做出反应，并把思维缩减到最低限度：未经真正构建，而且往往脱离现实，就进行迅速概括。举例来说，一个驾车者差点儿撞到突然穿过马路的儿童，他的第一反应是什么？在千分之一秒的时间内，他会在自己的恐惧中咒骂儿童：“你该小心点儿！”这句脱口而出的话完全罔顾现实。现实可能并非如此，既然孩子不懂得当心，驾车者就要更好地预判他们可能有危险举动。这就是我教给三位就诊者的道理：如果不能避免不由自主的思维，我们将激化自己的情绪反应，而且应对方式很可能既失当又过分。导致愤怒的原因是对信息的不准确捕捉或过于个人化的解读。反思式思维，也就是保持一定距离对事件进行分析的方法，被弃置一边，让位于夸张和缺乏距离感的非理性情绪化思维。

福伊尔施泰因倡导“一分钟反思时间”的原则，促使我们有条不紊地捕捉所有信息，避免过度反应，可以作为一种认知（思考）或行为（反应）方式。作为一名认知学派的心理医生，我认为过于迅速、缺乏反思的思维方式可能造成情绪刺激，反之亦然，因此我选择运用这种方法。我的三位患者很清楚，我一旦觉察到即将出现情绪过激的紧张局面，就大喊“一分钟反思时间！”，以鼓励他们慢动作回放很可能引发不当情绪化反应的事件。总的来说，他们在个人咨询中已经练习过如何观察真实情境，在小组谈话中可以理解到，正是非理性思维（因为太主观而脱离现实）和“本应该、你应该、他/她应该”这类要求，导致肾上腺素升高以及出现不合理的冲动式反应。

心理医生：别吵了！一分钟反思时间！

阿希尔：好，好吧……玛加利进来的时候我在想什么……我不记得了！

心理医生：阿希尔，您正在向我们讲大儿子从来不给您打电话的事情，自从关系不睦以来，他从来都对您不闻不问。正在这时玛加利敲门了……

阿希尔：对，我想起来了……我说不清与利奥波德之间到底发生了什么，她一打岔更是火上浇油。

心理医生：您因为这个发火吗？

阿希尔：…………

心理医生：想一想，玛加利一进来，您就冲她嚷道：“迟到了，你这个喜欢教训人的女人！”

阿希尔：是啊，这让人受不了……玛加利总是一副赞同您的意见的样子，好像她是辅助治疗师。她对我们说，她的“路怒症”好转了，可是她并不比我们好多少。

心理医生：那个让您感到不耐烦的“法则”是怎么回事?

阿希尔：“阿希尔法则”嘛，就是在教训别人、拿自己当模范的时候，要先瞧瞧自己是不是一尘不染。

心理医生：你们肯定玛加利参与小组的事务是为了教训别人吗?

皮埃尔：不是，我从来没这样想。她只是做她该做的事情，她帮忙评估我们不太符合实际的期望和要求。她并没有企图显得高我们一头，常常说她自己也不是总那么头脑冷静，也跟我们一样爱发脾气!

心理医生：即便如此，以这样的态度指责她今天迟到，应不应该?

皮埃尔：不应该。我们也知道，人非圣贤，孰能无过?想让别人按照我们的想法去做，那是妄想!

阿希尔：皮埃尔是班上的第一名……

这个总结很到位，皮埃尔已经明白，很多情绪失控都是个人法则导致的结果，这种法则毫无客观性，也不肯与现实妥协。发怒的意思是，现实要屈从于他的意志！由于“他人”并没有相同的经历和生活经验，因此存在很大概率，他们的生活方式会惹恼我们，使我们怒发冲冠。即使别人没有按照现实准则行事，我的三位患者也领会到“人非圣贤，孰能无过”的道理。

关于忍耐

心理医生：阿希尔，您就从来没有约会迟到的经历吗？

阿希尔：从来没有！

心理医生：这么肯定？

阿希尔：或许偶尔有那么一次，但不会经常。

心理医生：那么迟到的那次，您就犯错误了，违反了自己的原则。因为这个世界上不存在完美，生活中有很多预料不到的情况，我们不可能事事如意……玛加利只是暴露了她的不足。您无法接受她犯错的事实，可是您自己偶尔也难免犯错，哪怕很罕见……

阿希尔：别人就会发火……好吧，好吧……皮埃尔，拿了个高分！

心理医生：皮埃尔是阿希尔说的班里的第一名。您跟我们讲讲最近在工作中跟同事的争吵，看看您能不能再拿个高分！

皮埃尔向我们讲述了与工作伙伴经历的可怕的一天：某人太迟钝，让人无法忍受；另一个女人稀里糊涂，也让人讨厌；

还有个人爱打小报告，真是不能接受！皮埃尔想分析一下这些“愤怒的催化剂”，他很清楚，即使他没有在同事面前爆发，内心的怒火也会对他造成极大压力，并通常伴随一系列异常行为：大量饮用咖啡、一有可能就抽烟……这些压力极可能在回到家后全部发泄出来。

心理医生：“迟钝”的同事究竟怎么让您感到厌烦了？

皮埃尔：要无数次跟他重复，对待客户不能犯傻。

心理医生：这让您厌烦吗？

皮埃尔：是的，要一遍遍重复、重复……他是个弱智吧？

心理医生：可能只是理解方面比较慢，并不是所有人都有像您一样的提炼概括能力。脑子转得慢，也可能反映一种焦虑性格，如果是这样的话，您肯定吓到他了，导致他脑子一片空白……还有一种情况，就是他在担心别的事，因此无法集中精力听您说话……总之，他不……

皮埃尔：不一样，跟我相比……

并不是每个人都反应敏捷、聪明绝顶，即使有些人的行动不够敏捷或分析不够深刻，但他们也同样是人。皮埃尔渐渐认识到，他的“懒洋洋”的同事在任何情况下都慢半拍，不能把他当成一级方程式赛车手。那个爱打小报告的女人也一样，有些人喜欢依附强者，不知如何站稳自己的立场或抗拒权威。我们可以把这个话题扩大——自恋型人格只会谈论自己；控制型人格喜欢居高临下；内向型人格不愿开口；外向型人格则霸占话筒……从“他们应怎样做”的信条引申而来的要求是非理性的，因此改变世界或他人的企图是徒劳的。反过来说，竭力推动他人，使其不要损害我们的主观能动性，这可以是计划或愿望，而不能是命令。沟通技巧，可以帮我们表达自己的感受，同时尊重他人的差异。条件是不再用“需要、应该、必须”这类话来烦扰别人。在这个例子中我们看到，他人的障碍进一步加剧，结果不可避免地导致我们产生更多愤怒感。皮埃尔只能开导自己，其他人不可能按照我们的期望和要求而活着，原因很简单，他们是……不一样的！

皮埃尔：好的，受教了！亲爱的玛加利，开车还好吧？

心理医生：对啊，玛加利，如果路上出现不如意的状况，您有没有控制住自己的过度反应？

玛加利：我比较能接受那些开车慢吞吞的，还有违反交规的人。我竭力控制自己，压抑自己心里总想开快车、节省时间的想法，还有希望讨厌的人不出现在道路上的想法……

心理医生：很显然，这堂讨论，我只想打好分数！

皮埃尔：玛加利，最近一点儿“路怒症”都没有了吗？

玛加利：不，当然有。上星期天，我到了高速公路收费站，我预先警告自己，要接受可能出现不同寻常的事情。

心理医生：一辆外地车可能堵住快速通道，一个粗心大意的人可能把银行卡掉到地上，等等。

玛加利：我脑子里把这些都考虑到了……我前面一个家伙没有快速通行卡，规规矩矩用银行卡缴费。到这时候还算一切正常。不过他越来越拖拉，拿到回执也不发动汽车……我就等着，告诉自己，他可能是个慢性子。很长时间后，我听到后面在按喇叭。于是我闪了一下车灯，那个家伙却朝我竖中指，还是不启动汽车。他可把我惹毛了！那时候我杀人的心都有。我按响喇叭，那家伙过了好大一会儿才开车，而且速度很慢。我真想追上去撞他一下。我正在气头上，马上抽出一根香烟，好不容易才缓过来。这种态度让人受不了，对吧?

心理医生：是很让人沮丧！这种家伙故意挑事，马路上的变态，可能看到您一个女人在开四驱越野车，有大男子主义心理。我们能控制别人吗?

玛加利：够啦，您又在道德说教，您的话又不能不听！我不想任由……别人摆布！如果我什么都接受，他们会妨碍我……

心理医生：他们会让您感到受挫！

这正是玛加利从更加宽泛的角度发现的问题，愤怒通常与我们对挫折的无法忍耐有关。用玛加利的话来说，他人造成的困境会“妨碍”我们活得自得其乐。我们存在的目标显然是更好地实现自我的渴望，但是他人存在的现实往往与我们的目标发生抵触。因此，玛加利，哪怕别人与我们不一样、存在各种障碍或心理问题，也要接受他们的存在，这不是道德说教，而是对集体或社会生活的现实经验。玛加利在开车时的种种表现，如不遵守交通规则、不愿意打闪光灯、超速驾驶……这些行为都暴露了她缺乏耐心和不能忍受挫折。反之，如果她遵守交通法规，她就可以接受自己不能为所欲为的事实。

轮到阿希尔发言时，他讲到自己糟糕透顶的家庭生活，这是全然不同的另一种无法忍受挫折的事例。

心理医生：阿希尔，家里仍然是一种“我恨家庭”的氛围吗？

阿希尔：很难受，但我越来越少发脾气了。我觉得自己越来越能接受老婆并不完美，而且时常因为我的态度而生气的局面了……不过的确在改善！

心理医生：您母亲没有责任了？

阿希尔：没有，我没有这种想法了。我知道，我要求过高，要对自己的发脾气负责，小时候缺乏母爱与这个没关系……我接受多年的心理治疗把我母亲确立为病根儿，却从未减轻我发脾气的毛病……

心理医生：而且您还明白了很重要的一点，阿希尔，每次“发火”似乎都立竿见影，把情绪释放出去，但是最终您损害的是自己。

接受的自我培养

过激的情绪反应，尤其是没来由的愤怒，会造成自我伤害，无论有意还是无意，这种脾气会损害我们自己。皮埃尔想提高工作效率，他对同事的刻薄批评导致自己被孤立，没有人愿意再跟他合作。阿希尔不停地在家里树立权威形象，想让“所有人互相尊重爱护”，却让最亲爱的人离他而去。玛加利受到摩西综合征（一种绝对权力的意志，要扫除眼前的一切障碍，开辟道路……）的折磨，只会造成事故，险些酿成车祸，因为发脾气而危害心血管系统。

接受别人的行为并不容易做到，我们小组将继续努力。我要求三位患者选择“社会化”挑战任务，置身于某一环境中，努力倾听，感谢别人。他们还不知道，对别人的感激会带来相当的满足感，而且将挑战个人主义的文化圈套。他们还有望说服自己，接受不是屈服，“接受”（accepter）的词源是拉丁语accipere，意为“收到”。马塞尔·莫斯（Marcel Mauss）认为，“给予、接受和归还”的意义重大，完全有别于博马舍（Beaumarchais）所描写的“接受、得到和要求”的利己主义者！

人人都有自己的一亩三分地，其中主宰则是回归最原始的生存本能，而愤怒正是本能的真实表达。愤怒永远蕴含着无法忍受挫折的意味，它刺激和助长了粗野行为。

当然，我很清楚向三位患者提要求是件非常困难的事情，同样，我们每个人在很多日常情形下，也很难表现得乐天知命，不过确实存在一种我们都能采纳的方法。

第一个步骤是接受自己易怒的性格，因为生理原因总是能够部分地左右我们。当然，承认我们的愤怒反应始终潜伏在那里，这是一件让人感到难过甚至沮丧的事情，况且我们要不断压制和抵御这种反应，避免内心动荡以及发泄行为。不过我们可以运用一个小办法：当怒气本能地上涌时，最好离开现场，换换脑子，吃点儿东西，不要激化这种情绪。据说在生理方面，进食可以减弱一个人的攻击性。一旦下决心改变易怒的性格，就要真正质疑自我和不合理想法，而这样也会鼓励我们在体育运动中发现活力——体育运动促进内啡肽分泌！易怒性格的人要努力接受一切现实，尤其是别人与自己各有各的活法的现实。别人与自己不仅不一样，有时还会对自己造成滋扰，因其特立独行而使人感到不快。总之，要接受生活不是一条平静的大河。生活的铁律将打击个人的哲理——“我要做我想做的事情”和“但愿别人遵从我的想法”。我们将发现，人类从来都不情愿接受生活的“铁律”。

第九章

性急的人

L'homme pressé

推迟实现愿望

M先生九岁时被诊断为多动症。他告诉我，他一直都这样，小时候就闲不下来。小学一年级时遇到困难。某些行为在幼儿园可以接受，但到了一年级就不一样了，而且长时间坐着对他来说也很困难，他不停地动来动去，从最早的课堂学习开始，他就暴露出注意力缺陷。一位儿童精神科医生向他的父母建议服药治疗，小M平常服用利他林，看似一切回到正轨。不稳定状况减轻，他总算能跟上正常的学校教育了。他把过剩的精力消耗在大量体育活动上。他很早就知道自己存在心理问题，他的行为是遗传决定的。他还说，他的父母也很烦躁好动，这是一个家族问题！

M先生来咨询我的时候已经32岁了，据他说，他的生活在近几年逐渐恶化。直到青春期，处方药物治疗都能对他产生良好效果。刚刚成年之时，他自己修正了服药方法。当感到多动症状加剧时，他决定花更多时间运动，还吸点儿大麻“清醒清醒脑子”，不过并没有上瘾。高中毕业后他上了商学院，此后的职业规划也让他的内心得到平静。

他的工作要求灵敏的反应和强大的活力，正好让他大显身手。一切都尽善尽美，利他林和大麻都成为遥远的回忆。他27岁时结了婚，在我们首次见面的两年前，有了儿子小夏尔。

心理医生：您现在到底怎么不舒服？

M先生：我跟您说过，我的遗传多动症问题又出现了，在重新服药之前，听说认知行为疗法可能有用。

心理医生：您说这是遗传病，很有道理，我们都存在对不当药物的遗传易感性，所以您在童年和青少年时期使用的“利他林疗法”起了作用。说到这里，您刚上小学的时候正好是20世纪90年代，您有没有Game Boy之类的游戏机？

M先生：有的，我们这代孩子都有！它让我安静下来，在自己的房间里静静地玩游戏。一停下来，我就开始坐不住，总要找点儿事情做，让大家都感到很累！

心理医生：所以有人笼统地说，各种屏幕是多动症的危险催化剂。我之所以跟您说这个，是因为您有个小孩子，如果他出现类似行为，您要当心……

M先生：夏尔是个乖孩子，很安静，他应该遗传了母亲的基因！

心理医生：还是要当心，环境因素可能会放大基因的影响。我认识一位儿童精神病专家，他经常询问家长，孩子在家里是不是玩太长时间的游戏、看太长时间的电视之类。他称为“普勒综合征”核查……因为无论家长来咨询什么问题，我都会要求他们先说说是怎么教育孩子的。我见过很多孩子被误诊为多动症，在家长限制或取消他们看各种屏幕的时间后，变得十分稳定……

M先生：我知道这个说法。儿童需要平静时间，需要禁绝一切刺激和关机休息的时间。出于这样的考虑，我也试过一些正念疗法……

M先生讲述了他的冥想疗法。尝试过瑜伽之后，他对正念疗法（mindfulness）产生了兴趣。但他没有成功，冥想的尝试很快被停不下来的活动意愿打败。

M先生：这里头是有方法的，所谓“乌有”疗法，在这些时间段内，我不仅要注意自己的吐纳，还要把握此前从未注意的大量事物。我很快就受够了，又回到以前的生活……

心理医生：您认为正念疗法能很快解决多动症问题吗？您现在还有这样的要求吗？您认为认知行为疗法通过几个疗程就能治好一切病症吗？

改变需要时间

我试图让“性急的”M先生明白，任何心理治疗过程都需要耐心和大量时间。M先生试过冥想疗法，但没有改变自己的生活方式和人生观，他把正念疗法当作解决生活中困难的一种新方法。只有对一个人施加全面影响，致其产生全新的生活方式或现象学家所说的存在（dasein），正念疗法才会起效。寻找一种效果出奇的疗法，会让那些急性子的人情况更加严重，他们觉得一切都应该高效和产生成果！我就这一点质询他，问他是不是怀着相同的目标来求助于认知行为疗法——迅速摆脱纠缠自己的症状。认知行为疗法确实被认为颇有效率，不会让患者常年求医，但是我的方法要求对自我彻底质疑，也需要时间。我试图对他开宗明义，让我们之间的“契约”透明化。

心理医生：据我看来，您的多动症状虽然一定有生理原因，但是您很可能养成了一种生活方式，在有意无意中适应了某种指令或绝对思维，后者则反过来强化这种日常生活方式。所谓认知疗法尝试观察您的一切生活期望和要求，这些期望和要求悄然演变为不合理的想法，因为它们所考虑的不是客观现实，而是我们希望看到的主观现实。我们将观察这是否加剧了您的遗传易感性、换一种生活思维是否可能缓和您的过剩活力。您是否准备好全面重新审视您的生活是如何构建起来的，质疑您对于现实——首先对于您自己——的要求?

M先生：是的，要做出改变，我的生活不太好。不过，这是不是所谓存在主义心理疗法（psychothérapie existentielle）?

心理医生：说它是存在主义疗法，是因为我们要完全弄清楚究竟是什么导致您过着行驶在快车道一样的生活。这个原因对您来说无疑是非常重要的，也就是所谓……存在性。更要探寻您能否变得深明生活哲理，执掌自己的心理，活得更好。而根据您对我的陈述，您似乎不能为自己的生活掌舵……

M先生：确切来说，我觉得自己受到不停的刺激，像机器人一样要对大量必须去做的事情做出反应。对，船就这样失控了。

心理医生：首先，我们要看看您的生活是不是满足多于失望……如果是这样，可能会进一步强化您的深刻信念，紧张的生活是一种良好的生活方式……

对亢奋性格的诊断

在接下来的几次治疗中我们一起努力，M先生讲述了他的亢奋行为的各种后果，逐渐将其视为一种性急的生活。他明白，抱着病理学或精神病学的术语不放，会强化他的信念，因为他认为自己的精神障碍仅是遗传问题，并因此很快陷入某种观望主义。“治好我”的要求可能会逃避真正的问题，那就是改变自己的生活。M先生坦白，虽然他觉得自己做某些工作时效率很高，敏捷的反应力让他成绩突出，但是他也承认自己经常犯错，在契约关系中欠缺领会能力，导致对方从中受益。他还发现，同事们不乐意跟他合作，而是喜欢把工作丢给他，因为他给人的印象是一个工作中的“高效先生”。所谓工作效率，导致他失去了一些关系，急急忙忙地收尾，结果无法做成某些业务。

M先生还谈到他的家庭生活和妻子的抱怨，妻子说在家里看不到他，周末他要进行很多体育活动，慢跑、骑自行车等。他被抱怨太自私，只想着自己，最近还被说成不愿承担父亲的责任——照顾小夏尔。工作和夫妻关系都在恶化。他把让他感到“厌烦”的生活琐碎都向我倾诉，因为他知道自己“太急躁”：一张纸被匆匆丢向废纸篓，却扔偏了，他不得不把纸捡起来再镇定地扔一次……无数次因为咖啡太热而烫到舌头，还有因为粗心大意打碎东西、打翻玻璃杯……做饭的时候把“食用说明”飞速地过目一遍，结果因为没有认真阅读而把食物做得太稀或太稠，使自己懊恼……他用电脑也不顺手，总是因为没有保存而丢掉一些文件，还因为冲动犯下各种错误。

M先生：电脑真是我的对头！

心理医生：怎么说呢？

M先生：它让我做事更急躁！不知道有多少次，我想预订演出的席位或餐厅座位，也不知道有多少次，我没注意到预订日期不是自己想要的，或预订的酒店位置不好。电脑真是把我的冲动性格展现无遗。

心理医生：您能讲讲最近一次发生的这种事情吗？

M先生：有次我写一份工作报告，心情很好，花半个小时就迅速写完了这篇文章。我老婆让我弄个什么东西，我想也没想就把笔记本电脑关机了，第二天，我想再看一遍文章，却发现什么都没保存下来。整个工作全完了！真是要我的命！

心理医生：您能想起来，开始在电脑上写文章时，您在思考什么？

M先生：我想不起来了……

心理医生：下面我们要采取之前合作过的方法，您把自己沉浸于决定写报告的那时候。努力把头脑中可能出现的想法与那时候联系在一起。您决定用电脑工作，您脑子里想着……

M先生：报告很快就能写完，因为我对这个主题很熟悉……

心理医生：于是……

M先生：我想速战速决！希望这个报告不要把我的下午毁了。我明白，急匆匆做别的事情时，想法也都一样。

快点儿完成、提高效率，不要费脑子放慢速度、校阅文章、修饰某些论据……这些我都不喜欢！

发现和解构自己的不合理想法

M先生在我们的治疗中取得了很大进展，他已经明白，不存在任何神秘力量迫使他急匆匆完成某项任务。他就是掌舵者，是损害自己的唯一责任人。之所以如此，是因为他不断附和自己内心深处的想法，任何事情都要迅速高效地完成，这是他的第一个“不合理”想法或认知，因为这个想法通常导致事与愿违；而第二个不合理的想法或认知，是避免一切不喜欢的事物。对于自己不愿面对任何不愉快事物，他这样回应：“我竭力避免不愉快和……挫折！”M先生开始感觉到我所说的深深扎根于他的内心的想法，上述情境下的一切行为表现都取决于这些想法。我们继续探讨。

心理医生：近来有没有其他的过于冲动的行为的例子？

M先生：有一次团队会议刚刚结束，我确信我已经清楚地知道需要我做什么，于是埋头给一个客户打电话……结果我误解了……客户抱怨说：“你们内部沟通有问题！”同事们狠狠批评我：“你还没有掌握正确信息……”

心理医生：工作会议一结束你就开始行动，到底是什么促使您这样做？或者用我们的术语来说，您什么时候感到强烈和不适当的情绪？

M先生：对，我记得。当主管说，我的客户对我们上一份合同不满的时候，我心里很窝火。从那时开始，主管在说什么我就听不进去了。我心里只想着向客户好好解释。

心理医生：听到主管的话时，您心里究竟在想什么？

M先生：这个客户开始对我横加指责，永远不满意！这种讨厌鬼会让人浪费时间。

心理医生：您之所以受不了，是因为……

M先生：我不喜欢浪费时间。我“不该”浪费自己的时间，其他人更不能让我浪费时间。

心理医生：最后怎么样？

M先生：我浪费了更多时间，因为我白白打了一通电话，不得不再去见主管，让他再说一遍我没听清的事情……

心理医生：这个法则是不合理的……怎样质疑或抗争这条法则？

M先生：接受并且牢记您的挫折法则。

不对，亲爱的M先生，这不是鄙人的法则，这是现实。如果要满足我们的即时需求，我们就可能遭受非常消极的后果的影响。M先生想节省时间，但是相比于耐心听完上级主管的话，他实际上浪费了更多时间。我向M先生重提我们一起探讨过的生活中的其他不愉快，不仅是因为欠缺良好掌握信息的能力，导致他反应过激并造成大量日常生活中的错误（计算机死机、忘记约会、与妻子产生误会等），更重要的是在“及时行乐”的错误生活哲学的推动下，他逃避挫折，一味“享乐”。

M先生：我知道，这个“享受生活”——因为我们只能活一次——把我耍得团团转。我想充实每一天每一刻，但为了准时高效，我得花时间重新把握信息、重新听我没听清的话、重做我本来以为已经弄懂的事情……

心理医生：您想最大限度地享受生活，但是听命于自己的高效和享乐的指令，以冲动和非理性的方式做出反应，您比任何人遭受的挫折都多……

M先生：我全明白了，不过，像您所说，我得不断重新训练自己，我应该怎么做呢？

接受挫折是为了今后节省时间

为了帮助M先生控制自己的亢奋状态，最好与他在心理治疗之初的要求反着来，耐心花点儿时间，接受“挫折”，最终达到对抗和削弱不受欢迎的冲动行为。我们拟定一套程序，首先学习在需要思考和冷静的情况下，说一些经过深思熟虑的话（“反思一分钟！”），最终能够应用一种策略，当感到自己受到情绪控制时，就缄口不语。每天，他研究某些导致愤怒或无法忍受挫折的情境，依靠自己找出或多或少有意识的逻辑过程、自己如何产生享受生活的意志。

我要求他给我一个（不必详尽无遗的）列表，列出他很快完成但其实会花费更多时间或造成损失的事情。

——做得越快，损失越大！

在日常生活中：

——急急忙忙抹肥皂，结果肥皂掉到浴缸外面。

——拿一件东西时太匆忙，导致东西摔坏，只好打扫清理。

——吃饭时狼吞虎咽，导致消化不良。

——从远处把纸团扔向垃圾桶，却不得不弯腰捡起来。

——文件没放好，找它的时候花很多时间。

在工作中：

——打断同事的话，导致关系慢慢恶化。

——对工作反应过于亢奋，后来却花更多时间搜集全部信息。

——拒绝工间休息喝咖啡的惯例，与团队产生隔阂。

——喝咖啡太着急，被烫到舌头。

当然，还有违反交规的事：

——违章停车吃罚单。

——超速行驶被测速雷达拍到。

接下来，我建议他每天自愿给自己一些“放空”时间，过好当下，不再受自我期待的支配，填充一切神经空虚。正念疗法被证明是我们一起进行的认知行为疗法的必要补充。M先生最后认识到：

M先生：我逐渐建立起持久享乐的生活哲学。我知道这是个好的解决办法，但是跟现代社会似乎不太合拍……

心理医生：您可以屈从于消费和即刻享受的诱惑，这是商家的意愿，但您知道只能出现反效果。我知道，受到各方面的刺激，真是严峻的考验。我记得在纽约的一次心理学家之间的心理谈话，对于“您闲暇时做什么”这个问题，每个人（我的心理学家同事们都是美国人）都说去垂钓、干零活儿、参加体育运动或创造性活动及各种消遣活动……轮到我时，我回答说：“我躺在扶手椅上无所事事！”所有人都笑起来，把我当成“讨厌的法国哲学家”！M先生啊，安于做一个讨厌的法国哲学家，别人可想象不到这种快乐！

随着我们会谈的深入，M先生变成了“讨厌的法国哲学家”。他逐渐理解无法辩驳的享乐和痛苦之间的平衡法则。出于自己的需要，他仍然继续坚持一些自认为“令人开心”的活动，但也明白可能带来烦恼。不过，在家庭生活和工作方面，他发生了急剧改变，发现接受挫折使他感受到真正的生活乐趣。当感到他所说的“本性”（重现错误的生活哲学和信仰）奔涌而来时，他会寻求妻子的帮助。下决心实现享乐和接受挫折之间的平衡时，没有人能够完全独自进行调整。我再重复一次，我们都存在近乎生理上的欲望，寻求即时的满足，希望立即满足自己的愿望，这是我们的本性。然而，生理法则在我们当前的生活环境中显得不合时宜，对消费的刺激倾向于加剧这一法则，从而追求更大利润；它只会有利于唯利是图的商人。我们将看到，要在日常生活中进行一场斗争，以避免陷入某些抑郁情绪，我称之为“虚假的抑郁”。“周日夜间抑郁症”就是一个典型的例子。

第十章

周日夜间抑郁症

La dépression du dimanche soir

容纳苦恼

安托万：我总是郁郁寡欢……很清楚是什么原因……（他叹了口气）

心理医生：什么原因呢？

安托万：我小时候过得不好，父亲对我漠不关心，母亲却过于亲密。

安托万告诉我，这些话他说了不下十遍，看心理医生已经成了他的家常便饭。他40岁出头，在银行工作，有三个孩子，自称“婚姻美满”，与“漂亮”的女理发师克莱芒蒂娜结婚十多年了。一位信奉精神分析方法的心理医生为他治疗的时间最长，每星期进行三次分析治疗，持续了两年多时间。不出所料，他告诉我多年来“心理”治疗的结论。

安托万：恶劣的家庭环境让我患有抑郁症……

心理医生：您全明白，您似乎已经明确，在过往经历中，特别是童年时期，是什么摧毁了您的自尊和自信，不过……

安托万：我一直都情绪低落。

心理医生：让我们暂时停止探寻您可能的病根，如果您同意的话，我们另辟蹊径……首先请告诉我，您什么时候感到最郁闷?

安托万：我生来就不太开朗，克莱芒蒂娜常这样说。不过每逢星期天晚上，我的脑子就乱糟糟的。我想让一切都停下来，我对什么都提不起兴趣，感到焦虑不安，我害怕发病。我有时候会惊恐发作!

心理医生：您害怕什么病症?

安托万：严重的抑郁症，导致我产生阴郁想法，希望结束这一切。如果不是为了克莱芒蒂娜和孩子们，我早就不想活下去了。

心理医生：您已经产生这些阴郁的自杀想法?

安托万：没有。不过要是继续像这些个星期天晚上一样消沉下去，我可能会出现这些想法。

我继续调查严重抑郁症的可能性，但只听到他度假回来时意志消沉的夜晚和星期天晚上的焦虑失眠。定期的心理咨询恰好在这些特定的时间——自由放松时期结束之后。这次谈话后，我向安托万提议如下日程安排：我们将解决他称之为抑郁症的难题，实现此目的不仅要通过了解他的过去，也要通过对他现在生活的理解。因为听说过我的“认知疗法”，他表示同意且表示非常信任。在第二次谈话中，我们说到最近一次抑郁的星期日晚上。

安托万：我会告诉您，我如何度过周末的最后几个小时，不过在此之前我有个疑问……

心理医生：…………

安托万：您肯定，这跟我告诉过您的童年、青少年时期遭受的痛苦和缺失没有任何关系？

心理医生：您别误会！我们的心理治疗方法往往得不到正确理解，我们不像正统理论主张的那样在您过去的经历中探寻根源和解释，但并不是说我们忽视您的过去和创伤……如果有些经历、创伤是导致星期日抑郁感受的原因，那么这些经历或创伤将在您对我讲述的时候立即重现，同时您会再度感受到消极情绪……但是我还不知道您在星期天晚上意志消沉的时候心里在想什么。

更新个人法则

我再次向安托万解释了认知疗法治疗的程式，我们重新沉浸于上星期天导致他产生精神痛苦的情景中。当他回想阴郁想法出现的确切时刻的时候，我询问他自发想起什么，那是他的内心独白。我建议他无拘束地、不加任何限制地把头脑中涌现的所有想法结合起来。我从事件本身——情绪的启动器——出发，开始我们的研究，对于安托万遭受痛苦的潜在“意义”，尤其应避免任何解释或教条理论。安托万告诉我，上个星期天，某个电视频道播放电影结束的时候，他突然感到深深的苦恼。

安托万：差不多每次都一样。我看周日电影的时候都感觉不太好。如果电影不吸引人，我会有一点儿走神，但到了电影结束的时候，焦虑和郁闷的情绪便突然猛烈地向我袭来……

心理医生：想象您提到的这个时刻。当“剧终”两个字出现在荧屏上……

安托万：是的，我在看电视。昆汀·塔伦蒂诺的最新影片，白雪皑皑的山峦和红字“剧终”。真荒唐，只要一想起来，我就几乎喘不过气来……

心理医生：那么您心里在想什么？

安托万：我要上床睡觉了，这个周末我喜欢的一切都结束了。明天要上班了，又是一星期……这真让我难受……

心理医生：这指的是……

安托万：回到现实的星期一、工作、例行公事、同事、枯燥乏味的文件……

心理医生：最让您“难受”的是……

安托万：惬意的周末过完了：跟孩子们一起骑车，与克莱芒蒂娜一起睡懒觉、星期六与好友共进晚餐……

心理医生：您“难受”的是无法继续……

安托万：……享受生活！

心理医生：因为生活……

安托万：应该提供享乐，否则有什么意义？

我披露了安托万的一个基本“法则”，生活首先要给他提供享乐。回顾他的个人经历，我看不到由于缺乏父母爱护和关心而导致的特别痛苦。安托万其实很怀念“轻松”的童年时光，他说过，那时候无忧无虑，有很多游戏、伙伴和活动。青春期也一样，他“随心所欲”，不用十分努力，轻松度过中学时代，没有受到太多限制，也没有遇到太多困难。他从来不在乎老师对他的“有提升空间”的评价，拿到大专文凭就满足了——他觉得能进银行工作。尽管他现在承认，对自己的职业规划来说，他的学历不够理想。

安托万：但最让我沮丧的还不是工作。即便我很清楚自己没什么发展前景，但还是很满意这份稳定的工作，也承认工作并不很讨厌，我不觉得过度劳累。

心理医生：让您心神不定，感到“厌烦”的是……

安托万：惬意的周末和周一上班的巨大落差，想到一星期几乎没有外出的机会，要早早上床休息……总之生活没有意思。

心理医生：您又重复了自己的想法："生活就是要开心……"我们都想践行"及时行乐"的人生哲理，但不应该把即时的快乐和享乐主义混为一谈。

享乐在生活中应该处于什么位置？

我向安托万说起，只为享乐的生活或经历有多么危险，从中得到的人生经验通常都是背离理性的，诸如，"生活只为享乐"。安托万表示反对，他认为这是一种让人无法认同的"人生道德观"（接受生活不可能总是享乐）。我争辩道，这与道德无关，只是一种研究理论，我会逐一向他解释。首先，以这一公理作为出发点，人类在生理上倾向于享乐（饮食和繁衍），其机能建立于生存本能之上。其次，从上述事实中可以发现，原始本能的大脑在"享乐-生活"的程式驱动下运转。此后，大脑中最发达的大脑皮层，在进化过程中逐渐调节不惜代价的享乐"本能"所造成的压力，因为它很清楚，现实不允许这种永不停息的原始追求。由于安托万多年求医之后，非常相信精神分析理论，所以我很乐意对他承认，弗洛伊德对冲动的需求（本我）、道德的约束（超我）和对立两者的艰难妥协（自我）之间的悲剧有着深刻的理解。不过，弗洛伊德理论把享乐限制在性的方面，这一点是让人困惑的，因为人类对享乐的追求不仅局限于性欲，而是把需求扩大到一切让他快乐的领域——爱和性、游戏、创造、斗争、事业、饮食等。

安托万：什么是真正的享乐主义？我知道什么是暂时的享乐——要求立即享受、避免任何挫折。您对我说过，暂时的享乐并非绝对禁止，有时还无法避免，但如果出现令人不愉快或无法掌握的情况，它会使我们不堪一击。

心理医生：完全正确。如果我们始终逃避苦恼和挫折，本能将支配大脑，“大脑皮层”会难以接受生活中固有的困难。生活毕竟不是一直美好和顺利的，而且您已经承认，每次答应了自己的即时满足的要求后……

安托万：我今后更加无力应对不喜欢的事物了，最终我受到现实的更严重煎熬，因而背离自己深信的价值观。我想不计代价地享受生活，但相较于更加平衡的生活，这种人生观带来更多烦恼和挫折。

心理医生：说得好！您相信“享受生活”，这种近乎存在主义的生命哲学，但结果事与愿违！而真正的享乐主义，则是与自己的价值观和谐一致，而这些价值观需要整整一生去塑造。您有权拥有享乐的人生目标，条件是您的生活要与这个目标相一致。就您的实际情况来说……

安托万：南辕北辙！享乐中断之时，我总是满腹牢骚，导致自己意志消沉。

心理医生：周日夜间抑郁症？

安托万（微笑着说）：跟痛不欲生的情绪毫不相干，恰恰相反，是因为太沉溺于享乐，无法自拔。我已经明白过来了。但是面对生活的厄运，如何才能获得平衡，让自己变得强大？

快乐和苦恼，要寻求平衡

我们之间达成一致，要让安托万“强大起来”，使他有能力独自实现快乐和苦恼之间的平衡。这正是认知行为疗法的存在价值。把技巧和方法教给患者，使他不仅能更好地思考自己的生活（认知工具），更重要的是能够更好地生活（行为理论和任务）。仅仅诊断出问题的所在是不够的，真正的工作现在摆在我们每个人面前。安托万在这个心理治疗阶段非常配合，有些患者并不是如此。因为当治疗远离了对“为什么”这个问题的理解和解决之后，以及着手战胜情绪障碍和痛苦的时候，患者非常容易放弃治疗。心理学过于夸大承认问题的根源对于治疗心理疾病的神效，以至于很多人对于心理康复的期待十分消极，不愿付出努力。我们设想的“行为”疗法离不开“认知”转变。空谈无益，实干才有用。当然，挫折耐受力最差的患者，有极大可能在适应现实的充满挑战的最后阶段中前功尽弃。为了治疗严重的心理障碍，增进理解、理智看待、表达痛苦，这些做法都是必要的，但无法代替现实行动的合理性。安托万虽然对挫折的忍耐力不强，但从未拒绝我为其克服抑郁情绪而设置的“行为任务”。

上述行为任务，首先由一些小的挑战组成，促使安托万循序渐进地改变某些态度。不考虑态度的完全翻转，而是一点点儿赢得某些斗争。用吸引力较小的活动代替某项活动，出现惰怠心理时，强迫自己与家人沟通，优先做他不喜欢的事情。这些挑战都是事先拟定，其后由安托万讲述结果和努力改变带给他的新感觉，这将构成今后治疗工作的基础。

每个星期，我要求安托万制订不同的周末计划，目的是在旧有的享乐和他的新“烦恼”之间找到新的平衡点。他很快发现，不仅要组织独自享乐的活动，也要与别人分享快乐，此前这类活动非常少：与孩子们一起游戏和散步；虽然不怎么情愿，但还是为全家人做饭；与妻子共度独享时光等。这些不仅对家人，更对安托万有益！总之，在日程中加入按照他的标准算不上开心的活动，不仅给亲人，也给他自己带来满足感：他调整了自己的想法，努力做出改变。出乎意料的是，不再纵容自己的需求，反而给他带来新鲜的乐趣、曾被遗忘的快乐和真正的平和。安托万发现自己虽然“仍然不乐意”给别人做事，但是面对周一上班，他感到自己更加平静了。

安托万：在工作中仿佛一切我不喜欢的东西都看起来变得容易了。

心理医生：不只做自己想做的事情，养成这样的习惯，到最后显得并不怎么令人沮丧，有时甚至带给人快乐。

安托万：但是在星期天做一些非常讨厌的事情，仍然是不可能的！

心理医生：比如……

安托万：您让我在星期天上午做一件真的让我受不了的事情……

心理医生：那是……

安托万：填写拖了很多天的税务报表。

心理医生：怎么样，很难受？

安托万：完全做不到！

心理医生：您显然患上了弗朗索瓦·奥朗德（François Hollande）在爱丽舍宫的那个帮办所说的行政手续恐惧症！[1]

把事情拖到明天，一场虚假的停战

安托万听后哈哈大笑，但我们决定着手处理他的逃避“挫折”引起的最严重困难之一——拖延症。安托万对我承认，如果要做一件不喜欢的事情，他会拖到第二天。对困难或讨厌的

1　曾任法国前总统奥朗德政府高官的托马斯·特维努（Thomas Thvenoud）因逃税丑闻下台，曾辩白自己患有“行政手续恐惧症”（Phobie Administrative），引起舆论大哗，因此作者在此处借此调侃。——译者注

事情处理不积极，这在我们每个人身上都很常见。我多次说过，追求快乐是我们的身体本能！但是安托万在我们的一次关注拖延症的交流中进一步表示：

安托万：根据您的建议，我起了个大早来填税务报表。刚刚进书房，我就焦躁起来。

心理医生：您那会儿在想什么？

安托万：很简单，外面阳光明媚，把时间浪费在这件破事儿上真是愚蠢，不如在附近的树林里骑骑车！

心理医生：那时候您听谁的，是“原始本能”的大脑，还是“大脑皮层”？

安托万：听原始本能的。

心理医生：您什么都没做，去骑车了？

安托万：是的。

心理医生：大脑皮层被麻醉了，好吧！骑行之后，度过这天剩余的光阴——我猜一定很开心——之后，您晚上感觉如何？

安托万：不怎么自豪，心里是典型的自责：“你真是个懒鬼！”税务报表的事又拖下来……

心理医生：冷静的大脑重新占了上风，它不会败坏我们，因为它不断找不愿服输的原始本能大脑算账。冲动与理智的战斗进行得很艰难，但这场仗必须打。回到不愿填写税务报表的问题上，那天上午，您没有想过“大堆衣物”？

我向安托万解释，什么是“大堆衣物”——就算不情愿，但如果定期熨烫，衣物一定会减少。相反，如果推迟熨烫，衣物就会增加，任务越来越让人感到厌恶。其实，为了逃避一时的不情愿，却在今后造成更多困难！“事情做完不再烦恼！”相信这句话的人都很明白，不喜欢的事情要立即完成，把烦恼分成一小段一小段，而不是把沮丧积累在一起。著名的“切香肠”方法就是如此，把香肠切成细片，有利于消化。

安托万开始明白这种方法的意义何在，可以养成有助于“消化”的习惯，更好地接受生活中令人不快但无法避免的活动。他用“切香肠战术”来打扫庭院，检查汽车轮胎气压和发动机各项状态，完成总是拖拖拉拉的各种家务零活儿……他也在工作中应用这个方法，不再把事情拖到最后时刻，就像悬在头上的一把剑，最后一刻慌忙完成工作，还处于压力极大的状态中。安托万知道，拖延症有时是因为害怕失败或不知道如何做，让人产生焦虑，但更多的情况是“无法忍受挫折”导致的。总想把今天的烦恼拖到明天，是一场虚假的停战，因为明天会更加令人沮丧！到了无法再拖下去的时候，现实变得无法忍受，无力感变为抑郁，由于在生活压力下不堪一击，感到自己无力处理当前的情况，不能面对每天的挑战，因此意志消沉下去。

拒绝现实尤其是生活中的不测和“挫折”，其多表现为各种防御机制。拖延症就是其中之一，我们将看到，也有一些行为显示我们渴望充实的生活，但最后仍然带来与预料相反的结果，即沮丧多于快乐。这些行为终将使幸福远离，给我们的人生造成苦恼和障碍。

第十一章

继续！

Encore !

不提要求，只提希望

2月的一个星期四，阴雨天气，仿佛诸圣节即将到来的日子。虽然这样的天气在诺曼底地区很常见，我仍然感到提不起精神。因为在前一天晚上的欧冠联赛八分之一决赛中，巴黎圣日耳曼队辜负了一切乐观预测，惨败给巴塞罗那队……对的，我是个“球迷”，人无完人啊！我回想起这场不应该输掉的比赛（主场4：0大胜，客场1：6惨败！）。我在想为什么这些球员英姿不再，一个个在诺坎普球场（巴塞罗那主场）的草坪上崩溃倒地？我几乎可以肯定，球员们被自己的情绪吞噬了，不知道如何排遣出来。他们在上半场畏首畏尾，在场上毫无存在感，我觉得他们的对手踢得更有进取心，我们的球员遇到麻烦了。

如果说过度的快乐可能削弱人对情绪的耐受力，我更赞成如下结论：被足球惯坏的、骄傲的孩子，原本在球场上呼风唤雨，当比赛成绩不好时就变得不堪一击。在体育方面，出现阻碍时似乎的确是这样。那些备受赞誉、收入丰厚而且无拘无束的人，就连教练员们也拜服在他们的明星光环之下，他们如何能够接受几乎从未见过的、让人沮丧的现实呢？这场欧冠客场比赛验证了我的理论：巴黎球员们在下半场打进唯一进球后，他们找回了信心，但是面对巴萨球员出人意料的顽强抵抗，他们的自信心再度轰然倒塌。

我正在想这些球星无法承受挫折，他们应该列入我的BFB（惯坏的大宝宝）名单，这时候听到诊所的门铃响了，是那天的第一个患者——诺埃尔。

他30岁出头，每三个星期来一次，马上要进行第四个月的心理治疗。我向他建议，用智能手机把每次的治疗过程录下来，通过回顾加强自己的理解，对自己的行为提出质疑。他并没有精神依赖方面的问题，但苦于无法控制自己的进食和饮酒——“一切美味都来者不拒”，而且他烟瘾很大，平均一天抽掉一包烟。

诺埃尔走进我的办公室，那天他脸色阴郁。我猜他也看了前一晚上的比赛，我们曾经聊过这个话题！心理咨询并非“两耳不闻窗外事”，在真正一门心思进行“心理”治疗之前，有时候可以无拘无束地聊聊时事、天气、平常生活。治疗期间不应总是谈论无关紧要的琐事，但也不能在患者和医生之间制造过于强烈的距离感。我们都是普通人，有我们的脾气、情绪和日常难事，扮演完美无瑕的心理医生，不以物喜不以己悲，这样是没办法建立真诚关系的，更会压抑同理心。当然，患者不是来感受我们自己的烦恼和生活经历的，不过他们乐意向这样一个人打开心扉，这个人比患者有更多办法控制自己的情绪，但也可以说是“另一个”自我。当我们聚焦于找到享乐和挫折之间的必要平衡的话题上时，试图让人相信我们这些“医治者”在这个问题上更高一筹，不过是徒劳的做法！因为在治疗方法上，有很多需要倾诉自我的时候，心理医生可能坦白生活中遇到的某种困难，不管有没有得到解决，通常对于打破僵局至关重要，患者也可能在鼓励之下愿意接受必不可少的自我质疑。在对诺埃尔的治疗中，这样的情况时常发生。

他坐下来，我再次说起电视机前度过的糟糕一晚。

心理医生：看了吗？巴黎圣日耳曼，真叫糟糕！

诺埃尔：我完全惊呆了。晚上觉都没睡好，比赛的片段在我脑子里翻来覆去，我跟您说，真是痛心……

心理医生：昨天晚上又喝酒了吧？

诺埃尔：您没猜错，看比赛的时候太紧张了，就喝了几杯啤酒……比赛完了，结果一败涂地，我又喝了一两杯，还抽了香烟，大概一整包已经被消灭了！不过我明白，管不住自己，是我自己的责任。

心理医生：…………

诺埃尔：我不再跟您扯什么“我跟母亲关系不好”之类的，这话我们已经聊过。

懂得延迟即时的享乐

诺埃尔想起最初几次咨询，他不断鼓吹自己的推测，认为自己的不幸和行为根源于幼年时的各种缺失，与母亲的情感缺失，导致他只能自我“填补”。总之，他对自己的渴望完全清楚，他的颇具精神分析色彩的推测，把自身行为的全部责任都推给成长过程中身边的人们，自己则清白无辜。我从未对他说过，他的贪食嗜酒和烟不离手的毛病，与或许存在的过去的缺失毫无关系，但我们很快就放弃了这条路径，主要是因为诺埃尔对父母两人，尤其是对母亲毫无怨恨：“她不算是个情感丰富的女人，我在成长过程中意识到这一点，她就是这样一个人……”我觉得，他这番话不是自我开解或为了避免深藏内心的痛苦重新涌现而产生的防御机制，仅仅是老老实实看待现实。主要用意不是把“母亲当初应该更多爱我”当作借口，而是表达“母亲不怎么爱我”，要接受这种幼时的经历，并且好好生活。接受是非常困难的，但如果希望重新掌握自己的生活，那就必须这样做。为了验证缺少母爱不是诺埃尔成瘾行为的根源，我们一起研究，他出现贪恋嗜好品的强烈欲望时，头脑里涌现的即时想法。他从未有过“我之所以饮酒抽烟，大吃大喝，是因为从未摆脱缺乏母爱的童年阴影”这样的想法，而是一种更加简单直接的想法：“我饮酒、贪食和抽烟，是因为这样……很爽！”

此后，我们一致同意，心理治疗要尝试从即时享乐的欲望出发来处理他的成瘾问题，而不是探索这些异常行为的原因。诺埃尔很快明白，他的主要问题不是对情感缺失的反应，而完全是对挫折的极端不能忍受。然而一旦被欲望控制，他就变得对前景悲观起来。

诺埃尔：当我想喝酒、吃东西或抽烟时……在那一刻，我发誓脑子里一片空白，只有欲望！

心理医生：是的，情绪化的大脑执掌大局：它“想”立刻实现愿望，它向大脑皮层发号施令，后者立即响应，完成想要的行为——抽烟、拿出巧克力或倒一杯酒……

诺埃尔：一点儿没错。我无法控制自己！

心理医生：除非“无法遏制”的欲望产生时……

诺埃尔：我坐下来，推迟喝酒抽烟，尝试把促使我满足欲望的东西写出来……

心理医生：还有食物，您说自己停不下来，总是想吃下去……

诺埃尔：食物也一样，我停下来片刻，就像您说的，避免立即响应原始本能的大脑产生的想法。

心理医生：还有……

诺埃尔：我努力摆脱心理影响，恢复清醒的头脑……我很想喝啤酒和吃东西，但如果我这样做……

心理医生：真的有可能继续发胖，变得越来越依赖烟酒和食物……

诺埃尔：我特别讨厌的结果。这会阻止我的欲望。我用某种方式多考虑考虑我的欲望……

在诉诸行动前，诺埃尔要写下这样的过程："我正屈服于情绪化的大脑，它束缚着我，我无法控制自己，我不想这样！如果我退让，填补心里的空虚，今后将更难摆脱我的成瘾症状……"诺埃尔知道，在向急迫欲望让步之前，这种摆脱自己心理影响的方法是非常必要的。用他的话来说，片刻的暂停有助于他"思考"自己的欲望。如果没有这步"暂停"，他知道空虚感将马上支配自己的行动。他再也无法决定任何事，只能填满自己的欲望。如果说成瘾行为中存在强烈的生理成分，即本能的享乐倾向以及在压力环境中急于摆脱痛苦的欲望，那么人类没有其他选择，只能找到去除心理影响的方法。诺埃尔就是这样做的，他强迫自己写出向欲望让步前的心理活动。经过时间的磨炼，他将延长行动之前的暂停时间，把抽烟、喝酒或进食进一步延迟，但他时常抱怨"真是难受"。因此，我们决定继续应对缺乏挫折忍耐力的问题，那是由于苦恼被过于夸大。我们的情绪系统只想一件事，用立即得到的享乐来平衡负面感受。

很可惜，这是一种虚假的好办法。我们与诺埃尔一起做过长时间的努力，即时的享乐带来强烈而迅速的快乐，但是在中长期之内会产生消极和挫折。因此必须迈出第一步，更加容忍生活的坎坷，诺埃尔在这些坎坷的压力下用各种“兴奋剂”——这是他的原话——来麻醉自己，更要在经历严重挫折感时，找到即时满足之外的其他乐趣。

这是诺埃尔最早得出的结论之一。当他遇到挫折，特别是在工作当中，他会选择即时的享受，从来没有长期“享乐”的计划。

诺埃尔：经过一天的工作，您怎能希望我有力气自寻苦头，采取您所说的小小的迅速措施？我有受挫时的兴奋剂，这就够了！正如您说的，找到快乐和苦恼之间的平衡。因此呢，晚上我需要大吃一顿来找找平衡，这对我来说很正常！

心理医生：您需要即时的享受，我们已经讨论过了！

诺埃尔：对，我知道……我就像个小孩，需要奶瓶。那天晚上，我受不了了，不能再给自己找不舒服，这不是我能做到的……

心理医生：您很清楚，这跟受苦没关系，这个方法不是自虐！尽管有很强的受挫感，不过雪上加霜是不理智的，要承认这一点！当您因为抱怨白天的工作而放任晚上胃口大开，那是双重的痛苦。您了解成瘾行为的恶性循环却还迫不及待地用酒精、食物和香烟安慰自己，然后……

诺埃尔：我因为自己没挺住而感到愧疚，愧疚感使我再次捧起“奶瓶”。

接受现实

于是我们重新拾起打破成瘾恶性循环的方法。首先，探讨“可怕”的一天的工作，最终能够对情况进行客观看待。的确，办公室里发生的很多事情让人烦恼郁闷，灰心丧气，但是不是到了无法忍受的地步？或许可以对好像在利用你的某个同事的态度更加坚决？自己不喜欢的、积累了一大堆的任务，才是造成压力的真正原因，能否把拖延的时间缩短些？诺埃尔明白，与其被自己的情绪和压力吞噬，不如消除一切激化因素，避免情绪爆发。如果在他的心里，这些因素是完全正常的工作困难，那么他从中得到的经验和结论将变得不同，由“这份工作真可恶！”的态度转变为“我在工作中的烦恼跟很多人一样”。这让诺埃尔拥有解决问题的可能性，而不是放任自己今后更加牢骚不断。接受现实当然是一个令人沮丧的尝试，在短期内让人感觉不到任何愉悦。不过诺埃尔知道，如果他能在工作不顺心时更有效地控制自己的负面情绪反应，将增强自己对挫折的耐受力。“我不喜欢这一天，但我可以改善当下的情形。如果不能称心如意，我只能接受，有某些不愉快在所难免。”结果，诺埃尔把愤怒或焦虑等过于夸张的负面情绪转化为更为恰当的不快或不安，这样，他的挫折感减弱了。他便可以在下班后换种思路“思考”这一天，改变对待现实的态度，不再是“快给我奶瓶！”，而是“怎样才能不给艰难的一天雪上加霜”。思维的转变反映出更成熟的态度，面对现实，他显得更像“成年人”。他因而避开双重的痛苦，做法恰恰与“情绪化”诉求相反，比如说，他可以在晚饭前快走20分钟，促进内啡肽分泌。经过“可怕”的一天，诺埃尔做出了这样的决定。在接下来的治疗中，他迫不及待地向我讲述自己获得的满足感。

诺埃尔：工作后的快走，上星期我进行了三四次，都是在让人发狂的工作日后。我感到欲望减弱了，成瘾行为也少了。

心理医生：您在走路的时候也想起让人抓狂的工作吗？

诺埃尔：我会告诉自己，这个蠢货同事一无是处，但我不会因为他再给自己找不痛快。他是个笨蛋，我改变不了他。但是，想让他变好的想法白白浪费我的生命，正是因为这样的想法，回到家里，这个笨蛋同事驱使我吃“兴奋剂”。到最后，我相信我对这个蠢货更能接受了！

心理医生：您不喜欢他，您永远不会喜欢他，但他不会凭空消失，从您的话来看，他不会被撤职查办。简单来说，所谓接受，就是看到并接纳现实。

对现实的接受，能极大地提升我们对挫折的忍耐力。诺埃尔明白，我为什么频繁地向他提到“达观明理的转变”。虽然绝对不能在生活的逆境面前低头，然而现实既然无法改变，就应该正视现实。哲理性的人生观，其反面就是树立绝对思维，规定“生活和他人应该怎样”，将导致我们的盲目和偏狭。达观地接受现实，是人们增强对挫折的忍耐力的必要基础。我无法去爱整个现实世界，因为它不会始终称心如意，但我不再苛求，只是心怀期许。当诺埃尔懂得这一点后，他告诉我，自己变得豁达了。

诺埃尔：我不怎么说“必须”“应该”“我想”之类的话，而是代之以“我希望”……“我希望”这样的话使我能更加理解自己不喜欢的现实情景。

心理医生：思考不是要求，而是想象、希望、冷静和客观。

重新实现快乐和苦恼之间的平衡

仅仅改善思维方式是不够的。对诺埃尔来说，接受现实是自我构建过程中的巨大进步。面对生活的逆境，他更加明智而平静，但他要不断努力，实现“快乐-苦恼”的平衡法则。如果不做如此努力，他新建立起来的接受现实的生活哲学将无力应对新出现的挫折。我们因此决定，诺埃尔要在日常生活中容纳更多“苦恼”和“挫折”，从而在面对下一次生活不测的时候，不会感到一筹莫展。若我们进入追求长远享乐主义的阶段，当生活不如意的时候，将具有更坚强的情绪韧性。新型“非暂时”享乐的缓慢构建过程相当棘手，因为它无法带给我们立即兑现的满足。诺埃尔发现，从长期来看，对于生活中无法避免的挫折，要想不再受其苦，这是必不可少的基础。因此，他决定恢复体育运动和家务活：他知道，在完全掌握慢跑技巧之前，他必须经过风雨无阻的枯燥练习。他也明白，在家里做零活儿绝不可能立即享受快乐，会有遗忘、紧急采购、对图纸理解错误等事情发生。但是诺埃尔逐渐发现，训练自己更长期地学习延迟目标，让他在日常生活中变得更加坚强。

诺埃尔：自从我决定练习快走之后，每星期再坚持两次跑步10公里，尤其是决定风雨无阻坚持跑步之后，我感到自己在工作中不那么脆弱了。好像我在锻炼中学会了如何承受打击……这是好迹象。但是，请对我说，生活不仅仅是为了今后的快乐而做不喜欢的事！享乐也是生活的一部分，对吧？

心理医生：当然，没人说过，鱼水之欢、大快朵颐、品尝佳酿是违反人性的！只是要平衡这些本能的即时快乐与更加人性化的快乐，因为延迟、可预料、完美和梦寐以求更具人性……

诺埃尔：从儿童的快乐到成年人的快乐！

心理医生：这话是您说的！

长大成熟

诺埃尔知道，在我们的治疗和我的言论里不存在任何道德教条。享乐不是罪过，但得有更好的理解和调节。享乐是我们生活的动力，但如果不赋予它人性，我们面对生活的坎坷将像孩童一样脆弱不堪。阿尔贝·加缪的父亲说“人要自制！”，但自制往往很难做到，特别是社会文化环境对我们完全放任，不管我们积极进取还是消极懈怠、追求享乐还是无欲无求。“超我”的不轨行为或者控制自我行为的诉求，都毫无例外地削弱了人类的挫折耐受力，使他只能凭借自身力量，根据现实要求调节自己的欲望。在很多世纪里，一切都受到宗教和意识形态的告知、建议和命令，经历了那些年代，现在我们要自己承担起学习挫折和提升耐受力的责任。因此，我们要从上述名言中汲取灵感，对其进行改造以适应现代社会——“人要学会自制”。

因为单独一个人很少能够抑制自己的冲动。孤家寡人，没有异议和反对、没有他人的阻碍，他很可能陷入真正的成瘾症状。进入成瘾依赖，人就不再思考（我们还记得多米尼克·斯特劳斯-卡恩的性瘾案例……），正因为如此，我们所建议的方法是，希望让人重新自由思考他的欲望，更好地考虑他的生活。人不能像成瘾行为那样永远享乐。从另一个维度来说，人不能一直感受快乐，否则可能因习以为常而索然寡味。“过度享乐”造成新鲜感缺乏，从而要求“继续增加”，这是一切成瘾症状的恶性循环，并索求虚假的享乐，只能接受现实生活中某些在所难免的挫折，我称之为“苦恼”。我们将看到，这些苦恼通常在夫妇或情侣的日常生活中被认为是不可接受的。在这个问题上，仍然要在享乐和接受不快乐之间进行平衡！

第十二章

男欢女爱

Un homme et une femme

微妙的沟通艺术

朱莉娅：我刚刚听说一位女同事最近被老公甩了，她已经怀孕七个半月，而且已经有了一个三岁的孩子……真可怕！

罗穆亚尔德：可能是他受不了了！总是想离开的一方饱受指责！

朱莉娅：但是，罗穆亚尔德，抛下怀孕的妻子……有些事情不能做！

罗穆亚尔德：…………

心理医生：你们两个又要互相抬杠，而后开始发脾气了。我打断你们，避免火药味上升！

朱莉娅和罗穆亚尔德最近来找我咨询，他们只参加了三四次治疗，并称之为婚姻治疗。我告诉他们，这方面不是我的专长。不过在他们的坚持下，我们会过几次面。他们告诉我日常生活中的困难和不断的冲突，似乎两人的脾气都挺火暴。朱莉娅32岁，罗穆亚尔德比她大一岁。男方在一家塑料加工企业当技术员，女方是学校老师，今年是工作的第四年。他们有两个年纪不大的孩子，一个四岁男孩和一个两岁女孩。他们知道两人之间的关系不太好，五年的婚姻生活常常走到分手的边缘。不过他们决定努力拯救婚姻，因此来寻求心理援助。

从第一次见面起，我就告诉他们，我进行婚姻心理治疗的方法是，我不设立场，不会不顾一切拯救他们的婚姻！于是，当我听到朱莉娅为同事丈夫的行径感到气愤时，我打断他们即将充满火药味的对话。

心理医生：朱莉娅，我同意。抛下怀孕七个半月的妻子，这种行为并不光彩，但这证明丈夫不是真爱妻子……

朱莉娅：他对妻子就是这样说的，我走了，我不再爱你！

心理医生：就是因为如此，我们才希望三个人一起努力。夫妻之间怎么真诚相爱，不要听信甜言蜜语，那让我们认为夫妻关系没有坚实基础，只是情爱欲望罢了。

罗穆亚尔德：就是您说的坚实的爱情？

心理医生：是的……夫妻关系不能仅靠性欲——伴侣间唯一的吸引力来维持。如果你们希望天长地久，最好评估一下你们之间的共同点和各自的人生价值观。我曾经说过，情绪或者说你们两人的愤怒，能表现出对对方的期待和要求，但这些情绪毫无建设性，而且每天会破坏你们情投意合的关系。

冲突的导火索

公平地说，虽然不断争吵，但是朱莉娅和罗穆亚尔德在某些方面倒是相得益彰。他们在性事上不存在一点儿问题，“上了床一切都好！”罗穆亚尔德说。

我建议他们拟定如下的契约：探讨产生障碍情绪冲突——对他们来说就是发脾气问题——的导火索。发脾气会阻碍他们真诚沟通或提出质疑。我问他们，在生活中最近一次发脾气的导火索是什么。

心理医生：朱莉娅，您先说。跟我讲讲，引发您最近一次想马上跟罗穆亚尔德离婚的事情！

朱莉娅：就是刚才，我们在车上，罗穆亚尔德开车粗心大意！他总是这样，我觉得自己嫁给了一个长不大的孩子，他可能突然像我同事的老公一样，给我那样的打击……因为不想再跟我生活下去而突然离开我！

心理医生：是的，罗穆亚尔德非常冲动，我们已经谈过这个问题了，不过当您把他当成一个粗心的司机时，您心里怎么想？

朱莉娅：他就像毛头小子一样，他不明白，他的冒失让我感到害怕。

心理医生：您怎么跟他说的？

朱莉娅：什么都没说。我强忍怒火，这时候只能这样。

心理医生：您感到……

朱莉娅：很生自己的气。

心理医生：因为您在想……

朱莉娅：他就像个青少年，只想着自己，他看不到我的担心，对我毫无表示。

心理医生：他不能感同身受！让您受不了的是罗穆亚尔德开车时不成熟，不能感受您的不安？

朱莉娅：是的，就是这样——他这种不成熟的表现让我烦透了。

心理医生：因为……

朱莉娅：很不幸，但是在33岁的年纪上该成熟起来了！

朱莉娅刚刚说出她的要求："希望罗穆亚尔德成熟起来！"她的措辞和动作显示，她再次沉浸于愤怒情绪中。罗穆亚尔德蜷缩在座位上，等着风暴降临。这是我们的约定：每个人轮流表达自己所厌恶的对方的行为，而对方此时要承受无法为自己辩护的苦恼。我们只谈行为，不贴标签，不掺杂性格问题。改变行为容易，改变性格可不容易。

罗穆亚尔德知道，在几分钟后，他就可以谈自己讨厌朱莉娅的一些事情了，他遵守规则——好好听着，忍耐着，听任心理医生所为。他和朱莉娅都很明白，我们的目标不是判断一方或另一方的对或错，而是按照我的定义，评估对方身上的不合理期望，即要求配偶做他/她做不到的事！轮到我讲话了。

心理医生：33岁，该成熟起来了！

朱莉娅：我知道，这么想很蠢。

心理医生：因为……

朱莉娅：罗穆亚尔德在开车时很不成熟。

心理医生：而且……

朱莉娅：他没有意识到这样做对我的影响。如果我不说话，只是生闷气，他就我行我素！

心理医生：那么……

朱莉娅：……如果我承认自己这样看待他，一个开车时的冒失鬼，我会对他说："罗穆亚尔德，你这样开车让我感到害怕，你不能把我的话当耳旁风。"但是，对他说这些话也让我感到厌烦……就像跟一个孩子讲话一样。

心理医生：但是我们已经探讨过，与罗穆亚尔德一起生活，就要接受需要对他进行教育的现状，打破他的"禁区"，纠正他的幼稚行为，让他看清自己，并发生改变！如果情况相反，向他表达过您的感受后，用尽办法让他改变之后，他仍然不为所动……

朱莉娅：那就是心理问题，像您说过的，我不可能再跟他凑合在一起了！

罗穆亚尔德（脸色苍白）：好吧，好吧，我明白了！

我们的不合理要求

罗穆亚尔德和朱莉娅明白，在夫妻生活中，自己不一定总能清醒地意识到对方的需要或要求，“对方应该这样，他应该这样对待我”，这些话往往具有非理性色彩。我向朱莉娅和罗穆亚尔德提及“应该、必须、我要”这些专横要求，也即美国心理学家艾伯特·埃利斯常常提到的“musturbation”（英文中意为“不容辩驳的必须”）。两人都清楚，“他/她必须”这种命令式语言是在表达一种不为对方实际考虑的绝对化思维，希望这一现实首先满足自己的期待。虽然在寻常夫妻生活中无法放弃自己的人生观、梦想和希望，但我们也看到，“绝对思维”只会激化情绪，使其在不理智思维的蔓延下变得更加剧烈。这就是一切困难之所在：如何减少我们在夫妻生活中的要求，同时避免否定自己最重要的人生价值观。罗穆亚尔德正是这样说的：

罗穆亚尔德：我正是烦透了这一点。她对我说话的语气，仿佛我是个小孩。她总是评判我，给我打分……

心理医生：这让您受不了，因为……

罗穆亚尔德：我不是小孩！她不该把我当成一个没教养的坏小孩。

心理医生：因为……

罗穆亚尔德：她得明白，我是个成年人，不要用这种语气跟我讲话。

心理医生：像个……老师？

罗穆亚尔德（笑道）：我知道这很荒唐，老师说话就像老师，他们看谁都像小孩，他们要评价别人，给别人好或坏的成绩，这就是他们的工作！

心理医生：您能接受吗？您同意做老师的妻子总是让您改正，特别是您做错什么的时候吗？

罗穆亚尔德：我不太肯定。自由对我来说格外重要，不要每天有个长官骑在我头上，而且是在家里！

努力实现自身协调性

我们谈及罗穆亚尔德的人生价值观之一：不想要高于自己的权威！罗穆亚尔德的这条基本价值观是毋庸置疑的，他赖以应对人生诸多挑战。反之我强调，他的自主和独立价值观（不希望有个权威盯着他）和他的行为是不相称的，后者使得朱莉娅像“老师”一样对他进行监督。如果他希望实现自己对自由的憧憬，他必须付出努力，消除某些行为态度，以免妻子对他立规矩和进行教育。最近一次治疗正处在这个阶段：朱莉娅最好不去要求罗穆亚尔德在某些幼稚情形下变得成熟起来；

而罗穆亚尔德也不要幻想，在他每次有出格行为的时候，朱莉娅不会扮演超级奶妈的角色。这就是我所说的“接受”：不是屈服，而是承认夫妻双方各自的实际情况。清醒认识和接受对方，通过沟通改正惹人生气的行为，不再出现毫无意义的“他/她应该这样/那样做”的话。不合理的要求只能产生幻灭感和冲突，甚至导致关系破裂和最终分手。

关键在于无条件接受对方，对总体的改善抱有希望，不要强求对方适应自己。当然，道理说起来简单，真正落实起来就相当麻烦和困难了。

朱莉娅：我不是毫无人生经验，也见识过别的男人，罗穆亚尔德对我来说是个理想的伴侣。

心理医生：理想……

朱莉娅：他跟别人不一样。工作稳定，不像别人那样满嘴跑火车和对女人献殷勤，他心肠很好。他给我安全感！

心理医生：现在呢？理想的丈夫还是普通人？

朱莉娅：普通人……这是您想听到的。有点儿窝囊，或许？

心理医生：窝囊或理智，是说他很现实吗？

朱莉娅：我觉得有点儿玩世不恭，听天由命，比如，他对越来越不理想的婚姻生活也得过且过了。

心理医生：是啊，没错。但是所谓理想婚姻，这种想法从哪里来的？您想想……您的童年、过往经历还是父母？

朱莉娅：确实，我们谈过这个话题。父亲不忠于母亲，性情变化无常，很快就离开我母亲和我的生活了。正如您所说："于是，在选择爱情的时候，我会选择完全相反的男人……"

罗穆亚尔德：我过去的生活倒是风平浪静，父母让我自由自在，没有过多禁止，我曾希望未来的婚姻中也是这样一种爱——自由、随心的爱。

心理医生：现实却……

罗穆亚尔德：……当我任性的时候，当教师的老婆从来不放过我。

朱莉娅：……常常表现不成熟的罗穆亚尔德……

沟通是夫妻之间相互接受的关键

承认各自的现实不仅不代表屈服，而且恰恰相反。屈服是虚假的接受，通常表现为婚姻中的缺乏沟通。双方都放弃了一切改变的愿望，因现实不符合梦想而失望、乖戾和灰心失意，导致爱渐渐消失。接受对方的不完美，就是拒绝给自己灌输往往不合理的期望和要求。同样，不要忘记告诉伴侣，哪里出了问题，但不带评判和贬低。因此要继续表达自己的感受和想法，同时也明白对方的道路是艰难而曲折的。成为一个坚定而"据理力争"的伴侣（意味着接受苦恼和失衡），是促进改变的最好途径。在这条道路上，朱莉娅渐渐接受“第三个孩子”——这是她的原话——的不成熟，但并不退让，而是促使罗穆亚尔德在某些事情上更加成熟。罗穆亚尔德接受与有时喜欢管教别人的妻子共同生活，他将逐步要求妻子心平气和地协助他改正缺点，避免激烈的批评或贬损。因此每人都要注意避免让对方感到不快的事情，以及与夫妻之间的有效的交流方式相抵触的、以“应该”“他/她必须”开头的句式。

接受现实，就是用共同语言来探测、观察和尝试改变现实。这个方法与所谓得过且过或听天由命的态度没有关系。改变并非总是彻头彻尾地改天换地，但如果每个人能够接受“禁区”或者明白对方改变起来有困难，就会出现我们所说的体面的解决之道——某种合理的共识。这正是我们在接下来的几次治疗当中努力的方向。

心理医生：要全面看待对方，不要只看到他的问题……罗穆亚尔德，您总是对我说，朱莉娅是个了不起的母亲和乐观开朗的妻子，总是乐于改变，是无与伦比的知己和爱侣。因为她偶尔生您的气，像法官一样贬低您，这一切便都被抹杀了吗？如果再出现这样的情况，她要留意自己的“禁区”，您也要告诉自己：“我不喜欢好为人师的朱莉娅，这不符合我追求自由的愿望。但是我要就事论事，朱莉娅不是只有这一面形象……”至于您，朱莉娅，当您讨厌他的幼稚行为时，别忘了一直让您着迷的那个罗穆亚尔德，告诉自己：“我不喜欢这样的罗穆亚尔德，不等于我不喜欢他！”更要这样想：“罗穆亚尔德，当你表现得像个孩子时，我不喜欢你，但我喜欢忠诚的丈夫、为我们的购物计划而毫不犹豫加班的工作者、辛勤照顾孩子的父亲……”

以共同价值观为支撑

罗穆亚尔德和朱莉娅没有继续要求对方如何，而是渐渐找到一种新的沟通方式。过去的无穷无尽的争吵，替换为即使对方的生活方式并不符合自己最初的期望，也努力互相倾听对方的愿望和接受伴侣的现在；当对方出现问题时，懂得表达不同意见，拒绝仓促地判断甚至指责，帮助对方调节某些越轨行为，与对方的缺陷共存，这就是夫妻之间为更好地沟通而努力的阶段。得益于共同的努力，新的立足点将改善双方关系和共同的价值观。远足、家庭生活、旅游、招待好友、慈善活动，这些长期被忽视的憧憬都将重新熠熠生辉。爱情不只是简单的妥协，它可以是一种建设。

在某次治疗过程中，朱莉娅提出一个她关心的问题——夫妻之间的忠诚。

朱莉娅：如果罗穆亚尔德受到诱惑怎么办？我肯定我自己不会被什么万人迷所哄骗，就像您说的。但是，我的罗穆亚尔德还是少年心性，很可能哪天失去理智开始一段新恋情。社交网络，您知道的……我们周围的例子很多，现在跟您那时候不一样……

心理医生（无奈）：…………

朱莉娅：诱惑太多了。看看那些因为那种事情而分手的夫妻……

心理医生：您说的是因为桃色事件。如果性是夫妻关系的基础，而性欲望消退了，我看只好分手了之。但如果一次不忠无法动摇我们所努力建设的整个婚姻建筑，我不明白为什么把爱情和一切都掺杂不清。

朱莉娅：不过我总是听说，性爱是夫妻关系的黏合剂……

心理医生：在这种情况下，如果性爱失去黏合性，夫妻关系就会破裂。夫妻关系不会只建立在一个基础上，我们曾经提到的共同价值观的重要性就在于此。

朱莉娅：我同意，性不是一切，但就是因为性事，我们才没有分手，还开始在您这里进行治疗。

心理医生：是的，有些夫妻来找我，是因为他们肯定爱着彼此，他们的基础很牢固，但是性事却出了问题……

朱莉娅：那么这种情况，您会宣扬爱的自由和多样化性关系吗？

心理医生：如果是米歇尔·翁弗雷（Michel Onfray）所主张的阳光契约，那又何妨！性自由如果是双方自由商定，而不是一方屈服于另一方的借口和行为，可以考虑……您说得有道理。朱莉娅，现在的社会环境不利于一夫一妻制，应该在夫妻之间进行严肃讨论！

朱莉娅：一个男人和一个女人，没前途了？

心理医生：很多男人和很多女人，毫无疑问。但是一男一女的关系建立在我不断提到的基础上——懂得快乐和苦恼之间的平衡。

本书无法探讨婚姻中的忠诚问题，单单这个问题就会引发大量思考。朱莉娅似乎相信，她对夫妻生活的完美梦想很可能受到当代现实的拖累，并多次恳求能够进行新的心理治疗，我努力安慰她：忠诚问题一向可以探讨，以避免在较远的未来出现突发的严重事件，这方面不存在禁忌话题。不过我认为有件事是不可避免的，每个人都应该在不伤害对方的情况下按照自己的意愿生活，因此要接受对享乐的平衡，承认伴侣的意愿和不情愿，不能服从于"我想做什么就做什么"的有害原则。在这个问题上更离不开对话和沟通，如此才能避免某一天因为对方被蒙在鼓里而产生严重的不公平感。说出真相并不危险，不过对某些人来说，看起来充满困难、争执和苦恼的现实是无法接受的。往往是这些人——我们将会看到——不断重复"这不公平"的抱怨。

第十三章

这不公平！

C'est pas juste !

把心理治疗作为质疑的时机

W先生：这真不公平！

心理医生：…………

W先生又一次强调他的话，他向我讲述自己“不公平”的生活经历时，经常重复这句话。W先生年过六旬，尚未退休，这也是他说的不公平之一。因为近几年推迟了退休年龄，而他的哥哥却能按照旧法律在60岁退休，这也是不公道。他之所以来咨询，是因为他认为自己长期患有严重抑郁症。W先生四处求医，但毫无用处，一点儿也没好转。他每天服用抗抑郁药物后，似乎略有改善。这个早上，我问他“感觉怎样”，通常我一定会听到如下回答：“生活真没意思！”

实际上，他的漫长生活充满了不太积极的经历和记忆。刚开始治疗时就谈到这些：他的童年、职业、婚姻、子女和社会关系。

W先生的童年：

W先生：我的哥哥得到了一切！

心理医生：…………

W先生：他长得高，人也聪明，更是比我招人待见。不过，我夸张了，他可能不比我聪明，因为他高中毕业后也没上多长时间的学，但我一直相信他很聪明。

心理医生：您看您多喜欢消极看待一切。您或许认为兄长比您“强”，但您也有自己的才华，在智力方面，您要强一些！

W先生：但是在吸引女孩方面，那是毫无疑问的，他只比我大三岁，却完胜我。我们在一起时，从来没有一个姑娘瞟我一眼！

心理医生：他不在场的时候呢？

W先生：我也小有斩获，但跟他的英雄事迹完全没法比，他魅力四射，倾倒众生……

心理医生：我们承认这位兄长比您更有异性缘，但为什么您认为这不公平呢？

W先生：说到底这都是运气，您明白的，“帅哥”在生活中总是更成功！

心理医生：您的兄长比您更成功？您告诉我说，他高中毕业后也没混出多大名堂……

W先生：做了很多零碎工作，但是直到30来岁结婚的时候，他赢得很多女性的青睐。

心理医生：他的风流韵事让您无法接受？

W先生：更重要的是，他也是父母的掌上明珠！

心理医生：啊，真是伤口上撒盐！

确实，相比于内向和说话不多的小弟弟，一个人见人爱的孩子有更多机会赢得父母的好感。我试图让W先生明白，他的所有结论都苍白无力。就算他的兄长受到父母的宠爱，就算他让姑娘们倾心，那又怎能让他这个弟弟变得灰心丧气呢？W先生一再重复，他觉得无法接受的是，他必须比哥哥付出更多努力，才能从父母和后来的女性们那里得到垂青。听到他恨恨地说“对他来说一切都唾手可得”，我明白了W先生的心结在于，兄长在年轻时候活得更加潇洒，这就是不公平。我尽量批评他的不公平概念。

心理医生：谁规定童年和青少年时期的生活就应该轻松如意呢？

W先生：但他的生活就是那样！

心理医生：同意，令兄是个幸运儿！但请回答我的问题：谁规定那时候的生活就应该又轻松又公道？

W先生：…………

消极固定思维的影响

我再与W先生探讨他的童年和青少年时期的其他各种不公平。他只记得上学时候受到的“创伤”，据他说，因为个子小，从来没有入选过运动队；老师们瞧不起他，而喜欢那些口才好的学生，还有女生们因为他的外貌而对他不感兴趣，因此他认为自己一直都“毫不起眼”。临近高中毕业，他也交了几个女朋友，但并没相处多久，他还是坚信自己的结论：过去的经历让他备感痛苦，对他来说毫无价值。我问他，有没有付出什么努力发展自己的潜力？他告诉我，上学的时候从来都不是勤奋的学生。他获得法律学士学位，在政府机关找了份还算体面的工作。在我看来，他觉得一切都很苦，是命运的牺牲品。他个子不高，从没想过在没有身高要求的体育运动中大展拳脚。他脑子不错，但并没有尽最大努力开发智力。都没有，他唯一在乎的是，他比不上哥哥，哥哥的生活毫不费力，这就是巨大的不公。

W先生：有个样样儿都强的哥哥，您没有这样的体会！父母对我视而不见，他们的话题都围绕着他，我跟您说，他就是天使在人间！而我呢，耳聪目明，但仿佛不存在。父母对我从来没有丝毫的留意或热情。那么请您告诉我，这种经历会让人变成什么样？

心理医生：…………

我是心理医生，我无法改变患者的过去。我该如何回答这个问题？我只能建议W先生认识到他的过去实际上是不太幸福的，但日复一日的回忆不能使他变得更加积极。我对他谈起这种无法绕过的过去，我们所有人都要建立起接受的态度，才能停止认为我们能走回头路的想法。W先生提起另一个话题。

W先生：我之所以在中学毕业会考中考砸了，是因为我性格太焦虑，我一进考场就全蒙了。就像您说的，一直受到焦虑的侵扰和限制，怎么才能发挥自己的能力呢？

接受过去是前进的第一步

W先生确实在生理条件方面不算“走运”！他缺乏魅力、个子矮小、性格焦虑，父母忽视了他，把注意力放在哥哥身上，他早年的生活确实不算十分顺利。不过那样的生活已经成为事实，唯一的做法就是正视生活、承认痛苦和各种缺失，然后要努力在当下不再受其苦。接受是为了不再痛苦或不再深陷于自我伤害的思维而无法自拔。对过去的接受是重新活在当下和未来的第一步！接受身体和生理上的命中注定，因为我们无法选择，最好超然视之，或安之若素。但是W先生继续他的固化思维，他告诉我，共同生活20年的妻子离他而去。

W先生：她抛弃我找别人去了。她什么都不缺！我一点儿也不明白。拥有两个孩子的家庭，年过五十，她却下决心全都抛下了！

心理医生：这肯定是生活中新的磨砺。不过将近十年了，您有没有尝试再找个人？

W先生：我可不会像年轻人那样在网上注册啊！

心理医生：很多您这个年纪的人都这样做，这样的做法似乎比在街上、夜总会或工作单位追逐女性更合适一些！

W先生：被抛弃，被嘲笑，又是要我迫使自己做不喜欢的事，我不想尝试，以免陷入我不希望的境地！

结果，他又一次叫嚷："这不公平！"我很想对W先生讲讲那些战争或车祸的受害者，他们落下终身残疾，不得不长期接受痛苦的康复训练，而且通常效果不佳，但是我一提起更加"不幸"和"命运不好"的人，他就反驳。

W先生：您说我应该因为没有得癌症而感到幸福！但是鉴于我的运气，这样的灾祸很可能落到我头上！

心理医生：不是等着生病，我只是告诉您，全面看待现实，有时候可以让我们把自己生活中的困难看得没那么严重。

W先生：我哥哥就活得很好，身体没病，退休在家怡然自得！

他只跟"比他幸福"的人对比！我们谈到他与子女的关系问题，一个是28岁的儿子，一个是31岁的女儿。

W先生：您对我说，关系不和睦是家庭生活的家常便饭！不对，我看到很多同事的子女跟父母都很亲近，时常陪伴着父母，虽然他们也都有自己的生活……

心理医生：您的子女发生了什么事？您说跟他们有五年没来往了。

W先生：他们成家之后我们就不来往了，我受够了总是打电话，他们从来没对我表示一点点儿关心，总之我不想再忍受他们的自私行为了。

心理医生：…………

W先生：我责备过他们。场面很不愉快，之后就互相不搭理了。

心理医生：您有没有尝试修复关系？

W先生：没有，他们应该主动，抚养教育他们长大成人，我才不会卑躬屈膝地要求回报。这些忘恩负义的家伙，我跟您说！

W先生坐等着生活自动为他解决一切问题。他对我谈起子女时，显然也有些道理，因为很多事例反映了我时常描述的“国王般”青少年的特征。当他的孩子们变得让人无法忍受时，W先生不能无动于衷，消极等待他们更公道地对待他。但是面对这种局面，他仍然只知抱怨，他接着说道：

W先生：按照您的理论，没有责任者……我是自作自受……这真是……

心理医生：……不公平嘛，我知道！

人是自身幸福的主导者

批评、幻想、等待、决不主动求变，在苦恼、困难、消极中裹足不前和抱怨不停。一开始，我以为看到一位HFT（high tolerance frustration，即高度挫折忍耐力）人士，对生活中的一切困难和苦恼都甘之如饴。后来我判断W先生是个受虐型抑郁症患者："我很不幸，我甘愿如此！"我意识到，他很反常地从痛苦中得到快感，同时抱怨不停，牢骚太盛，伤心气恼，认为自己过去的生活糟糕透顶。在某种意义上，他享受自己的痛苦。我绞尽脑汁想让他变得积极乐观，为他打开一扇通往幸福的小窗，但都无法合他心意。生活的挑战，对他来说只有挫折、沮丧。通过自我强迫和制约以及努力打破生活常态来追求幸福，这些都是无法设想的。我再次在W先生的身上见识到这种失衡，虽然在这种令人沮丧的生活中感觉不到真正的快乐，但他拒绝重新振作以免带来挫折。既然他的生活可以明确定义为"令人沮丧"，那么规则就简单了：不要再有沮丧、挫折！我再次试图使他明白这是一种有害的不协调，但是他的回答不外乎："有什么用呢！"几个星期后，他决定终止咨询，我成为无法带给他幸福的无数个心理医生之一。对于这些逃避心理治疗的困难患者，我们首先得是幸福专家，我们这些心理治疗师承担起让他们幸福的责任，而他们只是旁观者。我想起我们最后一段交流。

心理医生：在您看来，您对谈到的整个生活可以接受吗？

W先生：不可以接受！我决不改口，因为生活是不公平的！

心理医生：那么您拒绝我建议的全部新生活方法？

W先生：我仍然选择接受不公平的生活！

心理医生：您要放弃我们的努力，没有任何新的打算……

W先生：我知道，我的抑郁症是最严重的！

心理医生：我不想一再重复，但请允许我告诉您，我真的觉得，您多少有意地保持在抑郁状态中。

W先生：不是，我没有放任自我；我每天都吃药，您知道的！

心理医生：我说的是您拒绝打破您所说的不公平。

W先生：因为我不知道为什么生活的受害者应该“努力”或找罪受，就像您说的。我已经吃够苦头了，不要再雪上加霜！是生活欠我的，不是我欠生活的！

心理医生：您请便吧（Be my guest）！

我用了我的心理治疗导师艾伯特·埃利斯曾说过的话：“您请便吧（Be my guest）！”意思是说：“您想怎样就怎样吧，继续按照您的想法过下去！”每当患者拒绝任何质疑、自我鞭策或对现实的任何新的适应时，埃利斯都会这样结束对话。作为心理医生，我们肯定希望让人们更加幸福，但是我们不能替他们做决定。对“认知行为学派”最普遍的批评，是针对我们“矫正”患者的方式，认为是按照预先设定的模式，授意他们一种生活方式，从不考虑咨询者的独特个性！W先生的例子证明，我非常尊重他的“自虐型”抑郁症的主观性。我可以在一轮又一轮的咨询中持续倾听他的故事，因为他喜欢分享自己的抱怨，其他那些通过言语进行治疗的专家都是这样做的。我在驾驭心理治疗的过程中，非常忠诚于认知行为学派的方法，如果患者顽固拒绝好心好意的帮助，我就用一句“您请便”来端茶送客。

我的治疗方法有助于这样一套心理治疗程式，它希望做到挑衅、启发、改变，而不是要求单方面的倾听。“我听”您对我说的话，但是“我不同意，而且我向您表明这一点”！心理治疗不是茶馆，不是告解室，不是医患双方的休憩室，它应该是一个热情鼓舞的地方，有倾听和同情，更要勇于制造挫折，让患者直面现实，厘清生活中的新挑战。只有患者努力实现我时常表述的三个接受——对自我和过往的无条件接受、对他人的无条件接受、对现实的无条件接受，心理治疗的车轮才能轰隆前进。W先生跟其他一些人一样，只从纯粹消极的角度看待接受行为，视之为某种屈服。这并不是我的要求，不是毫无障碍地接受自己的生活和不公，而是接受生活可能的不公平，这是随后建立真正韧性的先决条件。既然不公“存在”或“可能存在”，我怎样做才能不再受其苦？这就是与我们人之所以为人的条件有关的基础工作。如果说，对我们中的很多人而言，存在一种完全的不公正，那无疑是人类必然走向死亡，而在走向终结之时，我们仍然还有选择。

第十四章

死亡没什么大不了

Mourir la belle affaire...

终极的接受

K先生："死亡不算什么/没什么大不了/但是年华老去……哦，年华老去……"布雷尔（Brel）真是看得透！

心理医生：但是您来这里就是为了更好地老去，您看，这是可能的！

K先生：是的……但在我的年纪再及时行乐一把吧！

K先生已经72岁，但在我们当地，人们都说他还是很帅：虽然满头银发，但是脸上并没有岁月的痕迹，是罗伯特·雷德福（Robert Redford，美国导演、演员）那种帅气。体格不胖，身子灵活。他刚刚庆祝了40周年结婚纪念日，夫妻感情一直很好，四个子女也很和睦。"我们的家庭非常稳固。"他说。一年多前，他结束了自由执业医师生涯，一切都尽善尽美，他很懂得享受退休带来的悠闲时光。他一辈子没看过心理医生。他没有严重的健康问题，只有一些老年人的常见病：血压略高，有时候犯关节痛的毛病。他运动量充足，每星期到北部走走，每天做一些体操动作，保持身体灵活性。几个月前，他决定来咨询，那时候他不明白自己出了什么问题，身心出现一系列症状：食欲不振、失眠、夜间烦躁、越来越频繁地感到意志消沉，渐渐变得心情忧郁。他感到疑惑，是不是阶段性的抑郁症？他相信自己是抑郁情绪的唯一责任者，因此拒绝任何药物治疗。他来看我，是为了弄明白当下的生活。在第一次治疗期间，他就提到雅克·布雷尔的歌词。鉴于他希望在自己的年纪再“及时行乐”一把，我回答说：

心理医生：您来这里就是为了这个目的，打算在这个年纪再享乐一把。布雷尔的歌词说，在这个年纪很难接受衰老！

K先生：但我知道自己不再年轻，我勉强接受自己的新生活，但有别的事情让我想不通。我不太明白……

心理医生：再次及时行乐的想法似乎在您心里扎根了。不能像年轻时那样享受生活，是不是让您深感遗憾？

K先生向我回忆了他年轻时热爱的一切：在不工作的周末拥有丰富的体育活动，出门约会和享受美食佳酿的机会也不少，他很喜欢跟妻子一起跳舞。事实上，他年轻时很懂得享受生活，今朝有酒今朝醉，这是完全正常的。不过，当他告诉我必须满足于适合现在年纪的消遣时，我感到他内心涌出一股辛酸。

K先生：走走路，看看书……不是从前的感觉了！我绝不会集邮！总之，这种衰退让我很不爽！

心理医生：您似乎听天由命，是不是真正接受了加速的衰老？

K先生：但我们只能听从命运的安排啊！

心理医生：或者是接受，也就是说，“我不喜欢”衰老带来的生命的缩减或可能出现的健康问题，但“我接受”，我接受衰老的不可控，这是人之为人无法避免的。

K先生：但是，和您一样想法的人都堕落了，赖在沙发上，沉迷于电视，死在床上……

心理医生：您虽这样说，不过您并没有卧床不起！您应该认识一些年纪虽大但是生活快乐的人！

K先生：头脑简单的人真是幸福啊……

衰老的小哲理

K先生没有看到全部现实，没有看到他自己为了生活、为了避免浑浑噩噩地过日子所付出的全部努力。我提到的那些游山玩水、投入新活动、参加社团活动或含饴弄孙的老年人，他们听天由命还是头脑简单？或者平静地过着新的生活？这个问题并不复杂，他们不仅接受了符合他们年龄的事情，更不再做老年人不合适做的事情。我总是无法理解K先生的抑郁症，因为他的生活算得上丰富而且美满，况且他告诉我，跟三个孙子孙女度过了很多快乐时光。这不是他这个年纪梦寐以求的“及时行乐”吗？

K先生不是我曾经见到而且描述过的“无法忍耐挫折”的人，他的全科医生执业生涯可以证明，他总能够很好地处理困难和不得不做的工作，为自己、家人挤出时间来享受生活和娱乐。然而，就像他所说，这种巧妙的平衡自从他退休后便被打破。

K先生：我的职业常常要付出很多，却得不到回报，而且时间上很死板，不过我喜欢病人、意外情况和棘手诊断。其实，这些并没有让我过分沮丧。我曾经一直掌握着自己的人生，然而现在，尽管您问了我很多有关退休之初的生活决定，我的感觉却完全相反。

心理医生：或许可以对自己的生活少一点儿驾驭，就不会放任自己错得离谱？不过您为什么突然不做医生了？

K先生：70多岁，是时候告老还乡了！

心理医生：显而易见！但是您让我想起，有些退休者在他们的职业仍然大有潜力的时候就撒手不干。这是不是一种不合适的人生抉择？

K先生：您的意思是……

当然，我不是鼓吹把退休年龄推迟到80岁，但我向他讲起那些因为突然终止职业生涯而产生严重抑郁的患者，尤其是非常热爱工作的人。相反，还有人在力所能及的时候决定重新拾起一些接近他们过去职业的活动。帮助年轻的全科医生、提供咨询和监督，难道不是他可以做的吗？

心理医生：彻底放弃一件没有任何成就、只感到疲惫和无动于衷的工作，这对人来说是好事。而且有很多人说，他们终于可以退休享受生活了！不过，您看从事某些自由职业、政治、艺术等工作的专业人士，他们当中有很多人都在继续从事让他们感到快乐的工作。所有事情都要讲平衡，如果多年的工作让人感到沮丧，就不妨安闲享乐；如果情况相反，则要避免令人苦恼的空虚。您过去从事自由职业，没有什么可以禁止您重新从事医务工作。

我向他谈到我的导师艾伯特·埃利斯，直到92岁仙逝前的半年，他仍然在进行诊病。他对身边的人建议，缓和不可避免的衰老抑郁症，自己的灵药就是“工作、工作、工作！”。如果工作不理想，那就应该用“做事、做事、做事！”来缓和日益严重的空虚感。K先生考虑，把他的生活安排得满满当当：偶尔的远足、身体柔韧性的锻炼和丰富的家庭生活……但他还是觉得不够充实。他知道，有人在含饴弄孙、种花养草的日子中找到新的幸福，在这样的闲适生活中，别人可以知足常乐，饱食终日。总之，人的兴趣各种各样，但有一条法则永远不变：平衡衰老限制下的新生活，协调我们的本性和我们力所能及的。更重要的是，不要想着按照完美的衰老模式来过自己的生活。并没有什么法规强迫我们做这件事或那件事。虽然高龄人士保持健康的生活方式肯定是有好处的，但并不必强人所难。我们可以想到丘吉尔是这样谈他的长寿秘诀的："雪茄、威士忌、不运动！"如果自己可以认同某种符合自己价值观和生活观的生活方式，那么一切都是被允许的。如果一个人看重外貌，那就不该责备他一再试图通过整形外科手术推迟身体的衰老。但是他如果只关注自己，对自己外表以外的事情都不关心，且无力维持社会或家庭生活，那就几乎可以肯定，他将陷入悲惨的没有结果的追求——妄图控制自己的年龄。

心理医生：易卜生说过："做你自己，但要做完完全全的自己！"这句话不只适用于青年人。要按照自己的能力进行修正，我不断提到的"接受"概念的作用就在这上面。就拿性爱之事来说……

K先生：对的，我们来谈谈这个！我向来不怎么好色，而且以现在的年纪，这方面的快乐可是渐渐消失了！不过，我看多米尼克·斯特劳斯-卡恩（曾任法国财政部长，因涉嫌性侵一名酒店服务员被警方质询）那类人，衰老似乎并没有对他们造成什么问题！

心理医生：色鬼变成老色鬼，如果这就是他们的本性，那又何妨！但是不要听有些人的话，他们告诉您，在您的年纪，不仅应该有，而且应该充分享受性生活！在这个问题上，我们受到某些媒体的蒙蔽，它们希望我们在这个性欲减退的年纪保持“热血方刚”。我见过太多老年人痛苦不堪，因为他们相信应该不惜代价拥有性爱。其实不是所有人都应如此。除了您说的多米尼克·斯特劳斯–卡恩，很多人都应该懂得，凭借感情和温柔获得新的鱼水之欢。

K先生：像这样来看……

像这样来看，意味着用理性和实际的方式看待世界，拒绝有害的观点，这类观点往往不加区分地针对所有人，但实际上每个人都是独特的，我们的衰老也是一样。K先生在性事上不大热衷，也就没必要勉为其难地接受保持活跃性生活的观点，因为他在这方面向来不怎么活跃。对衰老的接受，正是在我们的本来的自我以及尚能做到的自我之间进行调和，不要被崇尚青春活力的社会所左右。虽然在任何年龄段都有思考人生的能力，但事实上身体机能却在不断衰退。K先生过去是做医生的，他很清楚这个生理现实，而这恰恰是最痛苦的。

K先生：我知道，自己将越来越频繁地找我的同行看病。一个红灯亮起来，跟着是另一个，在这个年纪是不可能暂缓的！

心理医生：我想起奥利文斯坦（Olivenstein，他是20世纪80年代很知名的精神病学家）的话：“接受年龄造成的一个障碍，就会有另一个砸到头上！”

K先生：您看，您对我说的话，跟我自己的感受一样让人沮丧！

心理医生：因此，我们没有选择，只能接受衰老带来的无比沮丧。然而我们一旦接受，就能恢复生命之活力，努力寻求“尽管存在各种缺失甚至痛苦，如何在我的年纪变得幸福”。

K先生：所有这一切都要走向……死亡！

心理医生：是的，就像歌里唱的，“死亡没什么大不了”！但是布雷尔说错了，仅仅接受衰老是不够的。接受衰老，最要紧的是考虑终结。

趋向理性思维

弗洛伊德说，“Si vis vivere, para mortem”，意思是“如果渴望生命，就要准备死亡”。K先生说自己是无神论者，“子虚乌有”显然比信教者的“死后世界”更让人感到不安。记得在2007年，我曾与爱德华·扎里菲昂共进早餐，几个月后，他就被一场大病击垮了。他知道自己时日无多，但出于体面，从未向人吐露。那一天，他眼含泪水对我说，他刚刚得知一位女性好友的医学诊断，她只剩下几个月的时间了。很久之后我才明白，他实际上在说自己。我们讨论了死亡和很多患者的焦虑。他推荐我阅读端木松（Jean d'Ormesson）的《海关》（*La Douane de mer*）。他问我，我们这些认知心理学家如何才能帮助患者考虑让人无能为力的死亡？我给他讲述了一个陷入死亡焦虑无法自拔而恳求我帮助的患者的情况，这位病人问我："我们死后会变成什么样？"唯一让他感到安慰的回答是："没有人知道！不要思考我们无法理解的事情。告诉自己，没人知道死后会怎样，这是唯一的理性思考。无神论并不比宗教更加肯定！"爱德华·扎里菲昂笑道："那么，只需要更好地思考死亡，换一种思维方式，驱除魔障！"没错，亲爱的爱德华·扎里菲昂，认知心理学相信，我们思考生命的方式会造就理性和幸福，消除可能产生的非理性和不幸。

随着我们继续会面，K先生决定恢复某些医务活动，参与某些慈善组织的活动。他不再做医生，而是贡献知识技能。虽然与过去的工作完全不同，但是参与社会生活仍让他感到心满意足。我们的治疗让K先生能够直面现实，死亡是他的生活方式的一部分，用他自己的话来说，死亡并不是一种病态。他告诉我，自己对生活变得更加达观明理。这正是我鼓励他接受命中注定的"终结"的目的所在。

K先生转向无法回避的对人类命运的接受。他重新审视死亡本身：不会让人感到愉快和期盼的终结，但也是真正享受生活的良机，既然我终有一死，那么我就认识到生命中每一秒的珍贵。我不会用"应该如何、必须怎样"来自寻烦恼，而是享受当下。那些生过大病、死里逃生、珍爱生命的人告诉我们："直到头顶高悬命运利刃之前，我从未好好享受生命中的每一刻！”

K先生承认：绝不能等收到无法挽回的诊断书时再以这种方式思考人生。我向他提起我在米歇尔·翁弗雷民众大学（Université Populaire de Michel Onfray）上课时发生的一件事。在课程即将结束时的问答环节，一名学员问我，我对幸福的最确切界定是什么？我不假思索地回答：“早上起床，感受……活着的幸福！”乍一看，这个回答似乎太空洞，但对于我所说的“接受终结”却意义重大。死亡的概念对我的吸引力不大，唯有使我尽可能享受鲜活的生命。这就意味着，对死亡这一最高挫折的接受，等同于更好地活着。对我们而言，当一切似乎都让生命显得荒谬时，恰恰要温情脉脉，重寻生命的意义。K先生最后说：

K先生：是否与您所说的存在主义心理疗法有联系？

心理医生：是的，心理治疗无法回避哲学问题：理解生命、保持自己的独特性、与他人共存、直面生命与……死亡！清心明理与幸福生活密切相关！

K先生：无论如何，这很奇怪，自从我们谈过死亡以后，我感到没那么抑郁了……

心理医生：是的，而且您也告诉我，您吃得香，睡得稳，不那么焦虑了。

K先生：这些都是因为我思考了过去不想考虑的问题！

心理医生：您的抑郁症状，毫无疑问是因为没有深入思考让人感到沮丧的问题……

K先生：思考让人沮丧的问题可以避免抑郁？

心理医生：我们说的是理性思维，运用理性思考那些长期以来我们想要隐藏的令人感到悲伤、厌恶和苦恼的问题。是的，思考现实问题可以避免陷入抑郁！

接受人之为人的条件

对死亡概念的接受最为困难，然而生而为人却必须接受死亡。挫折感是无法描述的，只有明确接受死亡才能缓和挫折感，更重要的是树立享受生命直至终结的愿望。人们时常误解“及时行乐”，它并非仅仅指向青春年少时才能享受的稍纵即逝的生命乐趣。更为理性的看法是，需要清醒地认识到，当下的生活享乐和懂得去创造新的享乐主义，是真正幸福的关键，尤其是步入生命的黄昏之后。K先生将继续探求新的享乐主义。他做了某个乡村医生的指导，每个月有几个晚上从事他一直爱好的工作。过去，他闲暇时的乐趣是一个人独享的，今后他会更加注重社会交往，结交新朋友共享好时光。他很明白孙子孙女们让他拥有新的幸福，也决定进一步增加甚至主动提议与孙子孙女们见面和一起娱乐。他的体育活动渐渐淡化了过去的促进身体活动自如的目标，决定找到一起走路的同伴。最后，他认识到自己放下了自我提出的要求，但并未摧毁或遗忘它，而是在传递、分享、感恩和慈悲中感悟他人的心怀。

我们看到，苛刻的接受概念让很多患者提出异议。英语当中有个更加明确的词来表达接受的概念——to acknowledge，意思是承认事实。在法国的文化中，“接受”这个字眼仍然蒙着一层听天由命的色彩，然而我们其实可以把它看作一种积极主动的决定和生活的真正助力，不再总把自己看成受害者……

第十五章

宿命论者雅克[1]

Jacques le fataliste

1 宿命论者雅克（Jacques le Fataliste） 是法国哲学家狄德罗创作的典型人物形象，出自小说《宿命论者雅克和他的主人》。——译者注

要坚定，不要屈服

奥利维耶是个“有头脑”的患者。他在大学做了15年的研究工作，第一次见面，他就直说是为人际关系问题来咨询的。他读过我的几本书，《长椅革命》尤其让他感到触动。经过三年的分析，他似乎弄清楚了认知行为疗法的效果。我们每15天见一次面，在会晤中触及很多话题。我们一起确立目标，改善他在吐露自我立场、表达批评或拒绝以及在博士生团队前表态时焦虑不安的状况，更重要的是弄清楚他内心产生的愤怒感，那是某些过激性格者让他感到无法忍受时出现的，比如我行我素的研究生或自恋的研究导师同行。奥利维耶，虽然不叫“雅克”，但开始理解，正是他对别人行为的期望、需要和要求，使自己产生过激而且毫无必要的情绪反应，或我们所称的不适当和“障碍”的情绪，这些情绪只能让他这个不合理思维的制造者感到困扰。他慢慢明白过来，自己的情绪毫无益处。受了学生或同事的气，他在脑中翻来覆去地思考，却只能导致自己产生无能为力的想法。他的情绪对现实没有任何实际影响，因为他什么都说不出口，或是往往表达了自己的想法，但是过于软弱，甚至让别人无法觉察。他变得消极悲观；另一方面，当他相信自己能够大声与别人沟通时，通常以一种非常夸张的方式给人留下咄咄逼人的印象。

在我们的治疗中，奥利维耶变得更能接受别人的现实，这正是我们的心理治疗措施的首要目标：要求懒惰者变得勤奋，希望健谈者保持沉默或自私的同事变得富有同理心，他发现这些想法非常荒唐。他明白这些期望都因为无视和拒绝现实而显得不合理。他理解，否认现实、渴望他人能适应自己的想法，这只能毁掉自己，只会增加他的不安、恐惧或愤怒。他也领悟到，不能让自己的生活价值观催生不现实的要求，以及他的既有伤痕也有幸福的生活经历，不能转化为对生活的苛求。这种彻悟带给他一种真正的生活哲理，远远不止于对待自己和他人的行为方式。我们这种心理治疗方法的“争论”就在这上面：绝不是否认患者的生活价值观，那是他的人生经历的存在表达，而是从中升华一种理想的哲理。

就这样，奥利维耶逐渐对自己产生质疑，巧妙地把自己的“荒唐”要求——这是他的原话——转变为“偏好”。从今而后，当他产生要求“年轻的研究者应该认真治学”的想法时，他会换一种说法：“我希望这个新的研究者更加认真，不过……”他仍然认为某个夸夸其谈的同事“在与人交流的时候不能一个人占着话筒”，但他会淡化自己的语气：“这个自恋的人不太懂得别人的感受，他最好能够明白，但是……”只是做到这样并不容易，他非常能理解这种治疗方法的理论层面，每当自己的价值观受到相反的行为态度阻碍，他很难次次都放弃自己的生活要求。我一再告诉他，即使他一如既往要求自私自利的人多为别人考虑，不认真的学生变得井井有条，不聪明的学生理解他说的一切，现实也不会立即发生改变。

质疑自我想法的艺术

每当奥利维耶重复过去的想法，我都用现实反驳他。他知道患者一言不发的情形，他喜欢讨论交流。作为一位优秀的学者，他也相信，通过对立、冲突、打破平衡和提出质疑，人们才能重新适应、改变自己的行为方式。从来不被“讨论”或质疑的安逸想法，只能更深地扎根在我们的心中而日益僵化，直至成为无法接受辩驳的绝对信条，从此导致自我封闭：“我正是对生活抱有这样的期待，生活理应如此！”具体表现为不适当的情绪反应，因为，每次生活波折都向“不理智”的思考者表明，在无法接受的现实面前，他总是无能为力。

奥利维耶非常聪明，我每次提出“异议”，在某个人际关系事件上质疑他的结论时，都发现他会扶一下自己的小圆片眼镜，平常他的眼镜滑落在鼻子上，讲话时便推上去。

我们两个再次谈到这位傲慢自私的研究者同人，他们上次共同出席的会议，又一次让奥利维耶感到非常难受。他又说起，这位面对面的“国王”独霸话筒，滔滔不绝地自吹自擂，对他人充耳不闻，迷惑听众，他感到无比愤怒。奥利维耶称，接受这样的行为无异于卑躬屈膝，听天由命：他看到“这类让他厌恶”的现实，但是不愿被自己的情绪吞没。他承认这位同事性格如此，不再苛求他改弦更张，但是奥利维耶觉得这种置身事外的态度有点儿“宿命论”的意味。

奥利维耶：我明白了，我不再苛求自恋的同事。

心理医生：您似乎心有不甘……

奥利维耶：我还能怎么办？对这种人听之任之，不再期望奇迹，已经是好多了，这是一种心理问题。我知道自己撞上对我来说过于强大的现实，但是又一次看到他在场，对所有人自吹自擂，看到他能迷惑很多人，真是让我感到难过。我不再生气了，我对他没有任何要求，但我感到不再抱有幻想，而且一如既往地无能为力。

奥利维耶的感觉发生了变化。过去，每当这个同事在团队会议上独霸话筒时，他就怒不可遏。现在他对我们认为不合理的期待产生质疑：站在聚光灯前，自恋型人格者对他人算不上十分尊重。然而，奥利维耶自称“抛弃幻想”，仍然感到在这样的工作环境下什么都做不下去。我再次尝试验证，他是否成功地把过去的苛求转变为真正的接受哲学（在这个例子中是接受他人的行为）。

心理医生：您觉得下面两种态度之间有区别吗？一种是“跟这种家伙共事也没什么大不了，总不会比病情扩散更严重”；另一种是“这个自恋的家伙跟我的整个生活哲学完全相反”。

奥利维耶：是的，这种理性化的自然倾向，大事化小，使它在自己看来变得更能接受，但是在心里仍然固守我们的不合理要求……

心理医生：奥利维耶，您完全明白了，哲学观的改变不是看破红尘，而是接受现实的“本来面目”。

奥利维耶：就像我试图对待我的童年、少年、青年乃至整个人生经历一样。我过去总是倾向于把它合理化，直到我明白，正如您所说的接受创伤，是与之共存，而不仅是给它们找到某种解释或根源……

心理医生：完全正确。您还记得吗？您屡次告诉我，“我的父亲非常苛刻而且威严，没有任何同情心，但是我尊重他的职业地位，他是个优秀的医生”等等这些。

奥利维耶：我现在明白了，我过去对童年和青少年时期遭受的痛苦抱有越来越否定的态度。是的，我对父亲是尊敬的，但是这并不能弥补因为父亲的冷漠、职业和性格而造成的感情缺失……

心理医生：您接受了没有一个慈祥的父亲以及对您自己的生活产生各种负面影响的现实……

奥利维耶：我的低自尊和始终缺乏自信的心态……但如果有一个体贴和慈爱的父亲，我的性格可能有所不同，肯定不会如此病态地软弱。

心理医生：您又有执念了？

有时候，情绪决定思维

我们的思维非常不稳定。我之所以抛给他这个问题，是因为我发现奥利维耶提到自己的软弱时表现出强烈的情绪，父亲的冷漠和威严肯定对他的软弱性格有影响。反应情绪重新变得强烈，说明奥利维耶重蹈过去的想法："我的父亲应该公正、慈爱等。"这就是所谓执念：回想起痛苦往事时总是感到有一种强烈而迅疾、近乎本能的情绪。神经科学发现，创痛或幸福的感情烙印能在某种程度上打通情绪高速通道（自动的神经突触连接），阻止大脑皮层产生现实的想法；从此，人就为情绪而思考，或者说情绪控制我们的思维，但是大脑皮质被抑制，无法扩大精神场域并产生真正的思考。

必须明确，由应激情绪引入的思考（针对生活、他人和自我的不合理行为方式、期待或要求的思考）不会反过来导致局面恶化。具体到奥利维耶身上，我发现他并不是执着于父亲"应该"如何，而是明白并且接受父亲绝不会成为如他想要或希望的那样。如果说，儿童对生活的最早的经验总结（我的父亲要爱我！）只能是纯粹感情化、绝对化和非理性的——这是完全正常的——因为结论并没有经过真正思考，奥利维耶借助自己的成年人思维，则能够更加明确甚至更加冷静和客观地告诉自己："这个不慈爱的父亲是破坏性的，但是我无法改变现实，我不喜欢这个现实，在我生活中的某一时期，它把我毁了，但是现在，我可以换种方式思考我的过往经历。"得出新的生活经验总结，他可以更好地接受自己的过去，"如何在缺少父爱的情况下生活"，而非"我应该得到什么"。

奥利维耶向我保证：

奥利维耶：对，我接受有一个不慈爱的父亲。我承认这一事实对我的性格成长没有帮助，但是我不再寻找这个不存在的父亲。我正视童年时期的伤害，但是我认识到了在成年人的生活中需要自我加强的地方。

心理医生：您不再要求改变过去，对生活进行了新的总结……

奥利维耶：它成为我今天的人生观。我遭受过感情缺失，与冷漠的父亲缺少交流和共鸣，但是我决定改变对过去的看法。从今以后，我知道对别人感同身受是我的首要价值观，我努力在日常生活中、家庭生活中进行培养……我不想像父亲那样“冰冷”。

心理医生：至于自恋的人……

我再次提醒奥利维耶，要在整体上和现实中考虑父亲的性格。我不允许出现这样的情况：他重新对痛苦的回忆耿耿于怀，仍然片面地看待父亲的性格。绝不是要合理化缺乏慈爱的父亲，或是给父亲找到借口，而是奥利维耶要全面看待事实，从而更好地接受现实。用他的话来说，他的父亲并不热情，而是“冷冰冰”的，因为他总是关注自己，没有爱的能力。这不是借口，而是实事求是：如果只爱自己，就不懂得爱别人。真正的接受要容纳整个现实，不仅是从我们的感觉出发的主观化现实，更有总体的现实！在这个例子中，就是接受一个只会索取不懂付出的父亲。我努力向奥利维耶证明，他看待自恋同事的心态，可能与对父亲的感受如出一辙。

心理医生：这个同事是个什么样的人？

奥利维耶：自恋狂。

心理医生：所以他自私自利，以自我为中心……从来没有同理心、同情心，缺乏对别人的感受和感知。

奥利维耶：与我的价值观相反……我不喜欢他……他肯定也不喜欢我……就这样……但是我感觉自己陷入您所说的逆来顺受的状态。我看在眼里，心里不怎么难受，就是这样，但我也感到无能为力。

我与他继续之前的交流，产生障碍的正是不当的负面情绪。他感到愤怒时会说：“他不应该这样！”产生沮丧感时则说：“我无法承受这种行为，我要站出来反对。”他提到过去的某个经历使他产生愤怒或沮丧的情绪，但他并没有诉诸任何行动。不过我们接近目标了。奥利维耶说，从今往后，看到同事的行为时，他会感到沮丧或难过。这似乎表明，他的新情绪，表现得更为“正常”，或者说这些情绪使他能对逆境做出反应，不再仅是忍受或……屈服。

心理医生：请再讲一遍，这位“自恋狂”最近一次让您感到厌恶透顶，是什么情况？

奥利维耶：某个星期一，那是他的惯例。在茶歇的时候跟我们讲他周末的丰功伟绩之类！

心理医生：您有什么感觉？

奥利维耶：真想挖苦他一番，像您说的，内心极为愤懑……

心理医生：什么想法导致产生这种愤怒？

奥利维耶：这个总是说“我、我、我”的家伙应该为别人考虑。我们是一个团队，星期一是互相介绍和了解的时间，不能不管别人，一个人唱独角戏。

心理医生：因为……

奥利维耶：所有人与人之间的关系都应该充满人味儿，富有同理心，我知道这是个荒唐的想法，就像您说的，“不合理”。

心理医生：不合理是因为不符合实际，并不是我的解释使您的要求变得不合理！

奥利维耶：没错，您时常对我说，要求一个自私者变得富有同理心，就跟要求酗酒者不再贪杯一样荒谬……

心理医生：因为……

奥利维耶：酗酒者“就是”酗酒者，不知疲倦地劝阻他不再饮酒，不会有任何改善……接受不是评判，恰恰相反，是承认问题，以利于接下来的解决问题……

心理医生：不知疲倦地奉劝自私者关心别人的感觉……

奥利维耶：同样荒谬而且不合理！

我决定乘胜追击。要求傲慢的成年人变得温情脉脉是不理智的，而且执着于这样的想法，并因不理智的要求而加剧自己的情绪，这些对改变现实毫无帮助，反而导致产生无能为力的想法。

心理医生：星期一，当您对他的作为感到愤怒时，您是怎么做的？

奥利维耶：我喝了一杯咖啡。

奥利维耶在情绪上很受挫，但没有付诸行动，他选择安慰品来“平息”负面感受。对一些人来说，压抑自己的情绪可能导致其他成瘾症状——贪食、饮酒等。

心理医生：现在，您再次面对星期一的局面，您会有什么感觉？

奥利维耶：痛心，这家伙真让我感到难过……

心理医生：您会在言语或行动上有什么反应吗？

为了迎击现实而展现自我

我再次向奥利维耶谈起所谓展现自我的方法，或许有助于他告诉自恋的同事，他在星期一也有事要讲，每个人都想听听别人做了什么。这样的行为不再是逆来顺受（“一言不发”），而是努力改变自己不喜欢的事情。有时候可以让人明白，当一个人听到别人的感受，那是他没有意识到的，他完全可能因此改变自己的行为态度。这就是乐观情况：展现自我，促使自己不喜欢的现实发生变化。然而，总是存在不乐观但非常合理的可能性，就拿奥利维耶遇到的同事来说，尽管经过冷静的、不那么情绪化的沟通，也就是既不过分压抑和消极，也不显得咄咄逼人，然而对方可能依然我行我素！这时，我们可以检验，自己的接受到底是实打实的，还是浮于表面。

整体观念的变化要包含以下结论：有时候，甚至很多时候，我必须接受，现实不符合我的意愿。生活“就是”这样，不是“应该”怎样。我继续与奥利维耶交流。

心理医生：因此，在最好的情况下，这个“自恋狂”

听到您说出自己的想法，可能变得对别人更加理解和同情，但我们要考虑不好的情况。他不仅不听从您对更富有人情味的人际关系的要求，甚至嘲笑您的冗长说教。

奥利维耶：我只好接受与这个……有心理问题的人共事。

心理医生：或者用尽办法与别的同事一起把他赶走，或者要是他太有能量，并且一点儿也不肯让步，您就自己辞职走人。但是您说得对，让我们设想一下，假如辞掉这份工作对您来说得不偿失，而且此君的位子坐得很牢……

奥利维耶：我不会再为此而痛苦，或是因为他而自寻烦恼。我只是继续与他共事……

心理医生：或许看看别人，多么有人情味……

实际上，如果情绪重新变得恰如其分，我们会清楚地辨认现实和接受它，也从中得到实在的好处：我们通盘考虑现实，让自己冷静看待生活中的各种事件。

对于自己过去的经历也是如此。接受这个缺席的父亲，就像鲍里斯·西瑞尼克（Boris Cyrulnik）所说，重新审视自己的导师和心理韧性指导者的重要性。

心理医生：当您再想起自己的父亲……

奥利维耶：我看到了自己真正的父亲们。

心理医生：我们不再听天由命。

奥利维耶：我看到您的到来……了不起的“快乐–苦恼”之间的平衡。接受挫折，向我们揭示了看到生活中其他方面的乐趣，此前这些方面一直隐藏在我们的主观性要求背后……

心理医生：这话说得文绉绉的。您看到我的到来……不过请告诉我，对这个自恋狂同事的接受，是怎样符合这个“法则”的？

奥利维耶：如果我接受这个讨厌的同事经常带给我的挫折，我就会因为不再为此烦恼而感到满足，把更多时间用在跟我喜欢的人共处上，我会拥有更多快乐。

心理医生：一点儿不错。我接受某些现实的挫折，是为了更好地发现那些能带来生活乐趣的事物……

奥利维耶的确变得达观了，他抛弃了我所理解的“宿命论者雅克”的态度，决定在接受中生活。不过，这个接受的概念并不是那么简单！我无数次不得不说服他，放弃对别人的行为的要求和期待，不是为了挑战他的生活价值观，而是为了让他明白，这些价值观对于逆境的现实毫无用武之地。正是因为我们承认并不总是欣赏的现实，我们才能采用不同的方式来对抗它。不是忍气吞声，而是不再苛求，从而最终能够尝试改变。不理智的、脱离现实的要求造成愤怒、焦虑和抑郁的情绪，而接受一切现实，虽然它确实带来挫折，但允许我们与自己尤其是他人和谐相处。不当的情绪让人产生听天由命的想法，接受则在我们坚持自己的价值观时带来生活和行动的力量。接受，首先是放弃即时的享乐，这并不符合我们的天性！

结束语

我思故我在

Je pense donc je suis

如我所承诺的，那位精神分析主义对话者收到了拙作的几个章节。他在给我的一封邮件中说："有值得讨论的东西！"他和我一样，都喜欢遵循常规，所以我们决定在同一个地方——巴黎第14区的这家餐馆再次见面。这一次，我们到得很早，以免吃饭太过匆忙。在就餐前，他略带讽刺地说，我们"开了个沙龙"。我们没有点咖啡，只喝了茶。

"等待我们的会面，不算太让人沮丧吧？"他笑着问我。当然，我很在意他的观点，也承认等待会面让我略感焦虑，不过我反驳他说："我运用我的工作理论——耐心等待，产生沮丧感，才能增加这次会面的乐趣！"我们开始东拉西扯。

首先，他提到本书开始谈到童年的部分，他赞同我的建议：受到过度刺激或赞扬的自我、过于膨胀的自我，将打破对他人的感知的平衡；而反过来，过于关注他人、过于利他主义或忽视自我的教育，可能削弱自尊和自信。不过，他接着说道：

精神分析学家：我不是来奉承您的！请允许我发表一点儿见解！在“穿尿布的大王”及接下来的章节中，您坚持从低龄时期就开始对挫折的学习。我对您说过，我理解这样做对于避免幼儿的自我过度膨胀的重要性，但是您可能忘记了，儿童只有在没有任何感情缺失困扰的情况下，才能做这样的努力。

迪迪埃·普勒：您想说对母亲的依恋？

为了做出回答，我请他想想某些“心理专家”对于如何哺育婴儿所做的指导：母亲被要求优先满足他的一切欲求，比如说应他所需进行哺乳。虽然某些婴儿能够调整自己的需求，不会在三个月大的时候因为进食过多出现肠绞痛，但是大多数婴儿都无法避免难受的腹痛。这就是为什么我要发表我的观点，母亲应主导调整，同时考虑孩子的需求。这个所谓“产生挫折感”的调整，当然并非建立在情感缺失的基础上：我从未割裂挫折学习和必要的爱之间的关系，父母正是爱的首要提供者。我坚持：

迪迪埃·普勒：我不断宣扬如下格言：“爱和挫折！”两者缺一不可！这里谈的仍然是“快乐”和“苦恼”之间的平衡。婴幼儿不过是发展中的人，如果没有积极的实际经验，是无法接受现实及逆境的。您对我说，这个“积极”就是情感！即便如此，对我来说，我所说的积极也不仅限于情感范畴。因为我看到，周围有人生活在没有情感和爱的氛围中，但是他们懂得以别的方式享受生活，原因在于他们曾经有过，举例来说，让人心满意足的经验。

精神分析学家：他们不是在虚张声势？

迪迪埃·普勒：请看看那些为自己的过往而痛苦的人，以及经历过恶劣父母的人，有些人不接受过去，他们将不断追寻新的爱，来弥补自己的缺失；而有的人则放弃了这样的追求，对情感不屑一顾，转而在生活的其他事物中寻找真正的满足。那不正是把遗憾进行升华的一种方式？

精神分析学家：鲍里斯·西瑞尼克向我们证明，存在缺失的儿童，只有在自身发展过程中找到替代品或新的依恋对象，才可能产生心理韧性。

迪迪埃·普勒：在经历创伤后，没有遇到新的依恋对象，那又会怎样？我知道有些患者从小到大有痛苦的经历，他们经受住了早年的缺失。而且，这一切发生在他们遇到新的重要人物并重新建立情感关系之前。他们知道如何改变自己的生活方式，优先关注学校、知识、未来的规划……情感的需求消退了，他们不再为此而痛苦。这不是真正的韧性吗？

精神分析学家：他们抑制了自己的情感需求！

迪迪埃·普勒：或是他们全然明白，这种难以磨灭的缺失无法在短期内得到填补，因此决定在缺失……的情况下继续生活。这一切都是在了然于胸的情况下发生的，他们改变了对伤痕的看法，考虑走出阴影的可能性，直到有一天真正能够找到失去的爱。但是我认为，这一韧性完全是从思考、认知或有意识的努力发端的。

听到这番关于自觉的思考和行为之间关系的陈述，这位精神分析学家脸上微微露出不以为然的神情，随即抓住时机继续发表他的批评意见：

精神分析学家：我难以认同您对“诊所”的抨击——您告诉我们，这里完全是患者诉苦的地方。不对，得到正确理解的诊所应该恰恰相反，是结束抱怨的地方。不过，为了消除抱怨，患者需要说出他的故事和遗憾。只有说出来后，他才能冷静下来，最终接受他为之痛苦的事情。您看，我们在这个接受的观点上是一致的。

我们在这个问题上的观点发生了分歧，我并不认为，人能够独自接受自己的伤痕。对话必不可少，我们鼓励患者从自己的情感出发，向我们描述他的经历。无论是否真实，他的“口述”历史——借用拉康的说法——都不应受到指责。然而，我很少看到患者独自一人能够实现我所说的新的生活经验总结：形单影只的患者只能进一步深陷于自己的痛苦、需要和苛求中。他反复思考自己的过去“应该”如何，比如说，母爱是怎样的、母亲“应该”如何爱他、目前和将来她都仍然是他痛苦的罪魁祸首。反之我看到，心理治疗师的工作是鼓励患者全面看待他的真实过往，最终接受它，从而激发新的生活经验总结：简单地承认童年或人生其他时期的缺失，不要纠缠于过去的遗憾不放，才能把握新的机会。在我看来，心理治疗师的指导作用是这个接受过程的关键。我的对话者插话：

精神分析学家：这完全是一个移情的过程！

迪迪埃·普勒：是的，不过是心甘情愿和果断的移情，当心理治疗师判断必须结束抱怨的时候，他会指导患者这样做。

这正是认知行为疗法中的“争论”的意义。心理治疗师发挥指导作用，有时会引发冲突，他肯定会让患者感到不快，但是他勇于实现目标：绝不会放任患者不断受到诱惑，把造成自己问题的责任一股脑儿推到别人和悲惨的过去的头上。至于存在主义的重新塑造，是的，心理治疗师要积极参与进来，协助患者更好地思考自己，思考自己的现实。真正的存在主义心理疗法希望患者放弃自己的反应思维——“我永远不能这样生活！”，从而重新为自己的生活赋予意义，同时能够做到与自己的伤痕共存。为了重寻生活的能量，我认为必须懂得如何更好地在本能渴望的享乐生活和烦恼不快的时刻之间实现平衡。

这位精神分析学家认真听我谈论我自己最喜爱的话题。他偶尔打断我，但在我一再提到一场躲不过的挑战时，他表示了赞同。我认为人必须赢得这场挑战，才能使弗洛伊德喜欢谈及的“现实原则”不排斥享乐原则。

如果享乐和苦恼之间发生失衡，就会出现遭受障碍性负面情绪的真正危险。接受现实，就是接受不愉快，而在我的观点中，这意味着，应该为自己做好准备，面对生活的坎坷。我们的人生目标，的的确确是生活幸福、与别人和谐相处，长远的享乐才是真正的幸福，不能满足于短暂的快乐。最好的方式是用一种容纳“受挫感”的人生策略来武装自己。这并不是享乐和苦恼之间的完美平衡，更确切地说，意味着应该付出努力，不要陷入长期的失衡或逃避现实可能带来的一切苦恼。因此，在工作中虽然要享受带来满足感的任务，但不应该竭力避免任何不太喜欢的任务。在夫妻生活中也是如此，共享幸福虽然是首要目标，但是放弃必不可少的让人感到恼火和不快的沟通，也是一个陷阱。

这尤其意味着，要接受生活，排除不合理的控制一切的意愿，这一意愿反映了我们不受制约的享乐原则。要拥有容纳挫折和苦恼的健康生活方式，最为关键的就是接受不再“随心所欲”的生活。接受现实，就是要与“挫折”“共存”，使自己变得强大，同时绝不放弃享乐，不去尝试以虚幻的方式、按照我们自己的意志改变现实，或把自己的愿望强加给现实。

精神分析学家：您想说，对享乐原则的不合理追求意味着“‘超我’的消逝”……

迪迪埃·普勒：或者简单来说，人生道德的有意识的瓦解！

然而在潜意识的概念上，我们无法取得一致，他是这样说的：

精神分析学家：您认为潜意识只是一个简单的过程。我拜读了您的《长椅革命》……然而，让我们回到您的文章上面。“瞧，这个人”一章让我很感兴趣，我自己也见过这种自大狂的人，您说得对，这种性格多见于成功人士中间，尤其是政治家、艺术家、作家或歌唱家。在著名的政治人物身上，我们可以发现不受制约的自大。您不是又一次告诉我们，这只不过是“超我”的缺位导致的结果，就像我在您的易怒或国王般的成年人——用您的话来说——患者身上所理解的那样？

我再次厘定我所理解的道德意识：根据我的理论，并不需要一个潜意识的步骤来分辨善恶，而是需要一种有意识的思考，而这样的思考则有待在自我和现实之间存在的多种真实媒介中施加训练。道德意识变为有意识的思考，经过了习得、经历和主观意愿的过程。他也知道，我反对把人格分割为“本我”“超我”和“自我”几个部分。我辩称，只有一个“总体的自我”存在，没有任何细分。“自我”拥有本能冲动，那是自然的，但是它的精神性仍然能够总结自己遭受创伤的生活，从而升起新的希冀。然而想做到这点，要懂得如何平衡快乐和苦恼，同时通过道德意识尊重他人。尽管如此，“自我”可能出现潜意识过程，因为不可能一切都是有意识的，在考虑自己的情绪、行为和生活时，它可能随时发现自己的自由意志。在我看来，有意识的思维起决定作用。这位精神分析学家认为，有很多其他案例足以支持他的观点：很多情况下，对潜意识的抑制确实导致多种精神病理障碍出现。

精神分析学家：我不想全盘推翻，但是当您谈到某些成瘾行为时，我认为您的思路存在错误：很多成瘾者纯粹是因为遭受情感缺失，他们希望弥补缺憾……

迪迪埃·普勒：就像某些轻罪犯……您记得我提到少年犯的那一章！我真诚相信，即使存在某种感情缺失，仍然是“我想要这样”的原则支配着他们，这种不理智的欲望有可能被抑制，情感创伤却不可能得到修复。

我们得到某种共识，情感缺失和对挫折的无法忍耐，两者并不是互斥的，而是可以同时存在于一个人身上。我向他提到几年前与一位厌食症患者一起写的一本书：她是个年轻女人，曾经试图掌控生活中的意外，通过离群索居、厌弃食物和断食成癖来找到快乐，但她从未经历过任何情感缺失。我的对话者承认，很多厌食症患者的情况类似成瘾者，虽然他不敢说都是母亲的错，但是也把责任归结到父母的感情付出上。我反对他的说法。

迪迪埃·普勒：遇到这样的父母……我有很多患有成

瘾症的病人，都强调这种说法。他们总是相信痛苦的根源不在自己身上，所谓“外部控制点”……

精神分析学家：那么，不是俄狄浦斯，就是忒提斯，如果我没理解错的话！但当我读到您的“性急的人”这章后，或是那个“周日夜间抑郁症”患者，我只看到填补人生空虚的企图。

迪迪埃·普勒：我只看到一个人极度渴望不断得到享乐！

精神分析学家：您的这个“性急的人”并不为自己辩解……他得了沉默不语的病症。

迪迪埃·普勒：只是为了开心，就像他说的！不过，他付诸行动，而不是停留在口头上，是有道理的。实际上我们的治疗方法也不再鼓励只停留在口头上。通过语言交流来治疗，虽然必不可少，但绝对是不够的！

精神分析学家：对我们来说，语言至关重要。

当然，语言有助于倾诉、表达、质疑和理解，但是语言不能解决一切问题。释放语言是心理治疗的一个美好目标，但如果不考虑行动，语言就只是语言，没有生命。我的对话者也明白这一点，不过我向他重申：如果不给患者布置行为任务，也就是每天要进行的活动，就无法设想所谓“心理”援助。根据我们的工作理论，仅有言语上的争论是不够的，患者也要直面现实，面对自己逃避的一切，面对不愿直视、不敢诉诸行动和自以为是的一切，只有这种积极主动能帮他形成新的思维，找到与现实和谐相处的新方式，构筑自己的幸福，我称之为新的生活经验总结。仅仅讲述自己的故事，无法使人重新适应现实。言语与行动不能分离。况且，言语在“心理”交流中让人产生一定的愉悦，而日常生活中的调整则往往使人感到沮丧。如果没有“行动”的苦恼，或是被迫走向最痛苦的现实，那么只从心理治疗师的倾听中获得满足感，也是行不通的。对现实的适应最终是快乐的源泉。这位精神分析主义对话者在这一点上是赞同的：

精神分析学家：您看，我也是一个破除偶像崇拜的精神分析主义者，我总是要求我的精神分析对象把我们谈话的内容落实到行动上。与您的唯一区别在于，我们不会引导治疗，我们不强加任何东西，面对现实的新体验应该来自患者自身。

迪迪埃·普勒：如果我们面对一个极端无法忍耐挫折的患者，他不会独自决定给自己找罪受。

精神分析学家：而且他很可能不想离开诊所！尤其是抑郁症患者！您看得很准！

迪迪埃·普勒：（心满意足）……至于抑郁性格的人，您想对我说什么？

精神分析学家：抑郁症患者质问自己，为什么活着？对于这个问题，我承认，我很喜欢您对于人生终结以及对宿命和接受之间的困境的阐述……

在探讨更具哲学性的问题时，我们找到了真正的共鸣。对自我、他人和现实的无条件接受，是一切心理治疗方法的关键所在。这三个接受都无法逃避一个平衡问题——渴望中的享乐生活和让人频频感到苦恼的现实之间的平衡。我的对话者援引了心理分析学家艾瑞克·弗洛姆的观点。

人之生存需要一种追求更加完善和谐的享乐主义的生活哲学，而追求物质享受只能刺激稍纵即逝的快乐。他同意：无论想摆脱何种心理病症，都需要改变思考生活的方式。我引用了笛卡尔的名言。

迪迪埃·普勒：这就是“我思故我在”！

精神分析学家：不过您记不记得达马西奥（Damasio）的书《笛卡尔的错误》……人是情绪动物，而不仅是会思考的大脑皮层！

迪迪埃·普勒：但是，人也会思考自己的情绪，这就是认知心理学家的理论关键！

精神分析学家：您真是一点儿也不松口！那么最后一个问题：我读了“男欢女爱”这章……您喜欢勒卢什（Lelouch）吗？[1]

迪迪埃·普勒：勒卢什的电影跟雅克·拉康的书一样

1 本书第十二章的题目“男欢女爱”，与1966年勒卢什执导的电影《男欢女爱》（*Un homme et une femme*）同名。——译者注让人感到津津有味！

精神分析学家：不过天色已晚，先生……（哼起布雷尔的歌）

的确是时光飞逝，我们的晚餐即将结束。我们的交流富有成效，他答应尝试我一直以来的请求：通过互相监督来治疗几例病症，我们将再会面几次，交流一些问题。在这次讨论的最后，他是这样说的：

精神分析学家：小心，这肯定会很愉快，但也非常让人……沮丧！但是我向您保证，今后我在对付心理问题时，都会考虑……忒提斯！